以市售材料
的搭配組合
進行選色

黏土與釉藥燒成試片帖1260

祖師谷陶房 編

目次

關於本書的色樣試片（黏土21種類×釉藥20種類×燒成3方式=1260種類）

關於黏土

本書選擇了21種在日本國內廣泛流通的黏土作為範例。除了各種不同的白土、紅土、瓷土之外，也挑選了幾種具有特徵的黏土，以及產地特有的黏土。

關於釉藥

與黏土相同，本書選擇了在日本全國廣為流通的20種釉藥作為示範。除了透明釉、無光釉等基礎釉之外，也挑選了各產地傳統使用的釉藥，以及市場上受到歡迎的釉藥種類。然而本書的目的是要觀察黏土與釉藥之間的搭配性，因此不易觀察坯體狀態的深色釉藥就不在選擇之內。

關於施釉

原則上會將釉藥調整成製造廠商指定的濃度，以浸泡方式施一層與兩層釉。此外，施釉時也同時考慮到要如何清楚呈現白化妝土的色味，以及弁柄（氧化鐵紅色）和吳須（青花鈷藍色）的發色及暈染狀態。

關於燒成

本書的燒成是以電窯進行氧化燒成、還原燒成、碳化燒成（冷卻還原）3種不同燒成方式。每種燒成方法都是以9號測溫錐約45度熔倒（1250℃，持溫30分鐘）作為燒成條件。還原燒成的溫度設定在950～1250℃左右，還原時間約5小時。碳化燒成則是除了上述條件外，在1100～800℃冷卻時也施以還原處理。

使用黏土一覽（21種類）

黏土名稱（產品名）	販賣業者	特徵
信樂水簸黏土	丸二陶料	質地細緻的白信樂土。方便使用的萬用型黏土。
紫香樂黏土	丸二陶料	以「破碎法」製土，土味猶如信樂燒般的白土。
古信樂土（荒）	丸二陶料	土質較粗糙，含有長石顆粒等混雜物的白信樂土。
篠原土（水簸法）	SHINRYU	在滋賀縣的篠原地方採取的細目（細顆粒）白土。
古伊賀土	YAMANI	擁有傳統伊賀燒質粗而雜的土味的粗獷白土。
五斗蒔土（白）	SHINRYU	美濃燒代表性的中目（中顆粒）白土。含砂感較重，收縮率較低。
志野艾土（荒目）	SHINRYU	以「破碎法」製土，厚重沈甸的美濃白土。含砂感極重。
仁清土	YAMANI	京都清水燒代表性的質地細緻白土。
赤津貫入土	SHINRYU	類似半瓷土的瀨戶白土。顏色極白，燒成後硬質不吸水。
白御影土荒目	精土	類似御影石的調和黏土。含有長石顆粒及黑雲母。
赤土1號	精土	含鐵量較少的中目紅土。方便使用的萬用型黏土。
赤土1號荒目	精土	將長石顆粒等混雜物摻入赤土1號的荒目（粗顆粒）紅土。
赤土6號	精土	含鐵量極高的中目紅土。收縮率高，燒成後不吸水。
赤土6號荒目	精土	將長石顆粒等混雜物摻入赤土6號的荒目紅土。
五斗蒔土（黃）	SHINRYU	將紅土摻入五斗蒔土（白）的中目紅土。含鐵量較少。
越前黏土（荒目）	YAMANI	質粗而雜的越前燒紅土。含鐵量較多，收縮率非常高。
萩土	YAMANI	質細而輕的萩燒細目紅土。含鐵量較少，色味較淡。
唐津土	YAMANI	含砂感較重的唐津燒細目紅土。含鐵量較少，色味較淡。
黑泥	YAMANI	摻加氧化鈷或金紅石等金屬原料調成黑色的細目黏土。
半瓷土（上）	YAMANI	將白土與瓷土混配後的黏土。雖然有瓷器的質感，但沒有透光性。
天草白瓷土	YAMANI	以天草陶石製成的瓷土。燒成後硬質不吸水，具有透光性。

試片的呈現方式（第 14 ～ 173 頁）

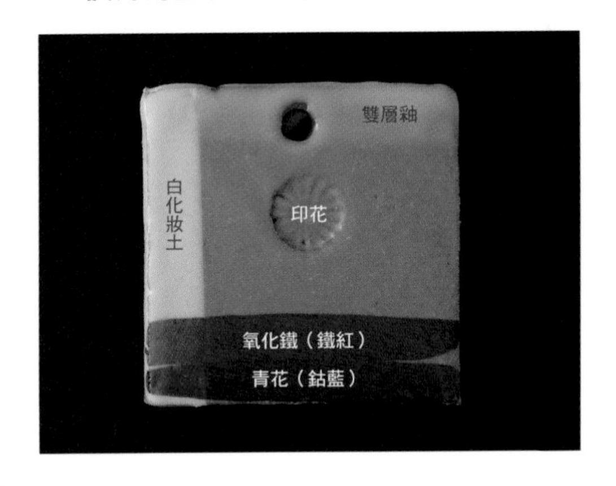

黏土樣本的呈現方式（第 8 ～ 13 頁）

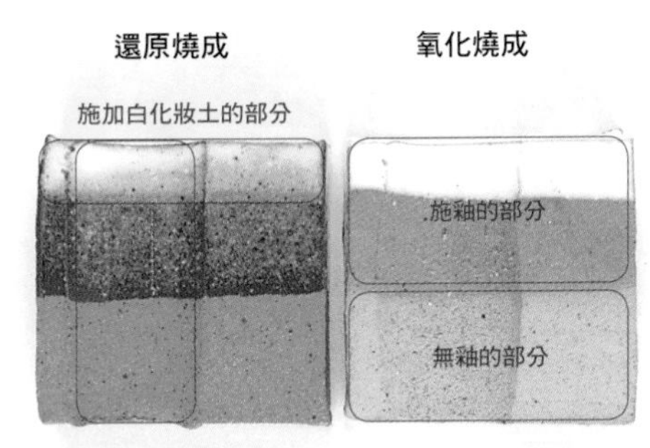

【注意！】本書的燒成試片僅為一例，並非燒成結果的保證。燒成結果會因為釉藥濃度及燒成條件的不同而有所改變。

SHINRYU：SHINRYU 株式會社	TEL 048-456-2123	http://www.shinryu.co.jp/
精土：株式會社精土	TEL 0748-82-1177	http://e-nendo.com/
丸二陶料：丸二陶料株式會社	TEL 0748-82-2191	http://www.02-maruni.co.jp/
YAMANI：YAMANI FIRST CERAMIC	TEL 0852-25-0318	http://www.web-sanin.jp/co/yamani/
釉陶：株式會社釉陶	TEL 0748-82-8150	http://e-nendo.com/

使用釉藥一覽（20 種類）

釉藥名稱（產品名）	販賣業者	特徵
石灰透明釉	釉陶	以石灰為助熔劑（註：參考第 175 頁）的透明釉。貫入（冰裂）較少。
土灰透明釉	釉陶	以土灰（雜木灰）為助熔劑的透明釉。色淡為其特徵。
無光半透明釉	釉陶	以石灰透明釉為基底，添加氧化鋁降低光澤的釉料。
氧化鎂無光釉	SHINRYU	添加氧化鎂作為結晶劑的白色半透明釉藥。
滑石無光釉	丸二陶料	添加滑石作為結晶劑的白色無光釉。
無光白釉	丸二陶料	添加氧化鋯作為呈色劑的白色無光釉。
鈦結晶釉	丸二陶料	添加氧化鈦作為結晶劑的白色無光釉。
白萩釉	丸二陶料	藉由合成稻灰中含有的矽酸成分形成乳濁作用的白色釉藥。
白志野釉	釉陶	藉由長石形成冰裂及氣泡來達到白濁化效果的不熔性無光釉。
紅志野釉	釉陶	在志野釉等長石釉添加鐵質來呈現深紅色的釉藥。
玻璃釉	丸二陶料	以天然灰為基底調和而成的自然釉風格的灰釉。
伊羅保釉	YAMANI	含有大量黃土，易於燒熔，可以形成條紋痕跡及點狀模樣的鐵釉。
油揚手黃瀨戶釉	YAMANI	含鐵量少的鐵釉，「油揚手」指的是表面粗糙無光澤的質感。
茶飴釉	YAMANI	飴釉是含氧化鐵 5 ～ 7% 的鐵釉，「茶飴」的色調較明亮。
蕎麥釉	YAMANI	以飴釉為基底，藉由氧化鎂的結晶作用呈現白色斑點的釉藥。
冰裂青瓷釉	YAMANI	受到少量鐵質影響的青色發色釉藥。因長石的作用會出現冰裂。
F 織部釉	SHINRYU	以 5 ～ 10% 氧化銅為呈色劑的釉藥。（「F」為商品分類用的記號）
土耳其青釉	SHINRYU	以 1 ～ 2% 氧化銅為呈色劑的亮青色釉藥。
青銅結晶釉	SHINRYU	以氧化鈦等鹼類為結晶劑，2 ～ 5% 氧化銅為呈色劑的釉藥。
均窯釉	SHINRYU	以稻灰系乳濁釉為基底，添加 1 ～ 2% 氧化銅作為呈色劑的釉藥。

了解日本的黏土

— 本書所使用的黏土 —

日本各地的陶瓷器之所以能夠饒富個性，是因為各產地都以「活用挖掘到的黏土特性」來製作陶瓷器。在此就讓我們來介紹日本代表性產地的歷史，以及黏土的特徵吧。

黏土是如何形成的呢？

陶土與瓷土的形成方式不同。

陶土大多是來自花崗岩風化後的產物。花崗岩是從火山噴出的岩漿在地底下慢慢地變冷凝固而成，石材中的御影石即為此類。

受到地殼運動的巨大壓力而被推擠出地表的花崗岩，因為氣溫的變化和風雨自然地風化。而風化後的產物隨著河川與湖泊的流水形成堆積，最終熟成變化成為黏土。

遠古以前，信樂、瀨戶、美濃地方附近，有一個名為「東海湖」的廣大「古琵琶湖（現今琵琶湖的三倍大）」，流入這個湖中堆積而成的花崗岩風化物就成了現代的陶土。這些地方的陶土之所以產量豐富，就是因為這個緣故。

另一方面，瓷土雖然同樣來自火成岩，但主要是由流紋岩風化而成。日本九州的山脈外形給人相較本州的山脈外形更為尖銳的印象，這就是流紋岩山脈的特徵。山中的流紋岩受到熱水和溫泉水的分解、淘洗，逐漸轉變成為瓷土原料的陶石。

位於阿蘇山這座日本屈指可數的活火山山腳下的天草地方，出產品質良好的陶石，正是因為這樣的原由。

陶瓷器的產地

從奈良時代的後期，日本各地真正的開始了陶瓷器的製作。鎌倉時代確立了現今稱呼為「六古窯」的「瀨戶燒、常滑燒、信樂燒、備前燒、丹波立杭燒、越前燒」以及「伊賀燒」。之後，來到安土桃山時代後，「美濃燒」興起，並於日本出兵朝鮮時，由朝鮮半島帶回日本的陶工所建立的「唐津燒、萩燒、薩摩燒、上野燒、高取燒」也陸續興起。時序來到江戶時代，京都的「清水燒」發展起來，並在「有田燒、九谷燒」開始了瓷器的生產。這些產地經過興衰成敗的洗禮後，來到了現代。

產地特有的黏土

各個產地也可以說是因為出產陶藝用的良質黏土，才得以發展起來。黏土依產地不同各有特徵，並活用該項特長，進行陶瓷器製作。

一般認為日本陶土的標準是「信樂」黏土。除了容易製作，不容易失敗之外，還有在瀨戶和美濃一帶就能挖掘到大量的良質黏土原料，因此成功地發展出陶瓷產業。

含砂量多，只能挖掘出厚重沈甸黏土的產地，就發展出活用這種土味的陶瓷器的製作方式。萩燒和唐津燒是其代表例。在整個日本還有很多其他活用當地黏土特徵而發展出來的陶瓷器。

日本的風土和日本人特有的侘寂文化，也融入接受了這些狀況吧。

瓷器的生產

一般認為江戶時代初期，在「有田」和「九谷」兩處真正地開始了日本的瓷器生產，並受到全世界的歡迎。其他還有「出石、瀨戶、多治見、砥部」等產地，在各地出產作為瓷器原料的陶石。其中尤其以品質良好產量豐富的熊本縣天草陶石為著名。與兵庫縣的出石陶石共同在全日本廣為流通。

在瀨戶，使用一種為被稱作為砂婆的類長石原料，與蛙目黏土、高嶺土等調和後製作成瓷器土。像這樣，即使不在盛產陶石的產地，也能夠藉由獨到的工夫生產出品質良好的瓷器。

市售的黏土

在物品流通發達以前，黏土因為很重，運送困難，導致陶瓷器的產地都在出產黏土的土地附近發展。然而到了現代，除了開採量較少的一部分黏土之外，相對容易地能夠取得產自全日本各地的黏土。

黏土因為大多是由天然的原料精製而成，不同時期購買的產品，可能會出現不同的特性變化。這是由於開採時期的不同，地層的狀態有所變化造成。

大公司的製造廠，為了盡可能不讓黏土的品質有所變化，製造產品時會進行管理與調整。像這樣經過人工調和的黏土，雖然產地特色與原土的個性變得較不明顯，不過卻能夠達到品質穩定以及大量供應。

本書所使用的黏土

這次本書所使用的黏土，都是透過陶藝機材業者挑選出來，在日本全國流通相對穩定的21種黏土產品。包含各產地具有代表性的黏土、含鐵量含量不同的一般赤土。受歡迎的黏土產品等等。此外，為了能夠看出釉藥的搭配性，將品項限定為適合施釉陶器的黏土。因此，流通量少的產地黏土，以及不適合施釉，諸如備前土這樣的黏土，本書便將之除外。

了解黏土

●製土法

製造黏土的方法，大致可以區分為「濕式法」、「乾式法」及「水簸法」這三種類。視原土的狀態以及希望製作成何種特性的黏土，來選擇製造的方式。

●粒子的大小

粒度決定於製程中經過什麼番目的篩網進行過濾。篩網的番目愈大則粒子愈細。

●質感

黏度、含砂量及粒子形狀等等，都會形成不同的黏土質感，我們稱之為「土味」。一般會以「平滑柔順」、「粗糙不平」、「質細而輕」、「質粗而雜」、「厚重沈甸」等表現方式形容。

●可塑性（製作時的手感彈性）

是否容易成型。也就是一般所說的是否帶有彈性。這項特性不只受到粒子大小的影響，也和粒子的形狀有很大的關係。

●燒成後的吸水性（燒成收縮性）

吸水性愈高，愈容易污損或毀壞。如果形成玻璃化的成分矽酸含量較少，或是粒子之間的間隙較大的話，吸水性就會愈高。

●耐火度（燒成彈性）

耐火度愈低，燒成時愈容易出現形狀變化。通常矽酸成份及含鐵量的含量愈多，耐火度就會愈低，氧化鋁成份愈多則耐火度愈高。但耐火度過高的話，燒成收縮性又會變差。除了特殊的黏土之外，一般市售的黏土都可以在1230～1280℃燒成。

●含鐵量

含鐵量含量及種類會對黏土的色味造成變化。也可以將金屬原料及黃土調和後，以人工的方式調整色味。

●混入物

有時在精製階段，會刻意將原土所含有的矽長石顆粒及含鐵礦物保留下來，形成土味。此外，偶爾也會有添加黏土熟料、細晶岩、回收瓷粉（註：參考第175頁）的情形。

信樂水簸土

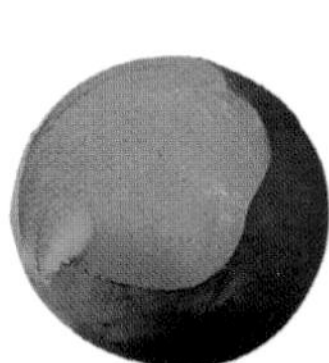

丸二陶料

【製土法】水簸法

【粒子】80目

這是將信樂黏土以水簸法精土後，質地細緻的黏土。粒子比較平均，具備可塑性。釉藥發色也很好的萬能黏土。以石灰透明釉施釉，氧化燒成後成為淡奶油色。還原燒成則會形成帶青色的白色。

碳化燒成　還原燒成　氧化燒成

【收縮率】本燒時：約 12%

紫香樂黏土

丸二陶料

【製土法】乾式法（敲碎法）

【粒子】40目

由於是以敲碎法製土，原土饒富信樂黏土特徵的粗獷土味恰到好處地保留下來。可塑性良好，不管是小件作品或是大件作品都可以使用轆轤拉坯成型。燒成收縮性與釉藥的定著都很好，適合製作成食器。含有些微的含鐵量。

碳化燒成　還原燒成　氧化燒成

【收縮率】本燒時：約 10%

關於製土法

●濕式法

將粉碎後的數種原土調和，放入稱為礦石篩的滾筒狀的篩筒中。再加入陶瓷球與水進行攪拌、粉碎。最後再經過加壓過濾及脫水，以練土機進行練土。如此一來，粒子尖角會變得圓滑，粒度也較一致、穩定。適合大量生產品質穩定的黏土。

●乾式法

將乾燥的原土透過搗碎機、雙軸式輪碾機或棒磨機等機具粉碎後，過篩調整粒度。再加水以練土機進行練土。通常這種製土法因為矽長石類的成分被粉碎的關係，黏土會變得質感滑潤，如果要保留最低限度的土味的話，也有一種稱為「敲碎法」的粉碎方法。

●水簸法

原土在攪拌機中加水溶化成泥狀，再通過篩網過濾。接著置於素燒缽中曬乾，或者是以加壓過濾機脫水後，以練土機進行練土。由於粒子不會受到粉碎的關係，可以保留下原土的土味。也有先經過稍微粉碎加工，再進行的水簸製土的製作方式。

古信樂土（荒）

丸二陶料

【製土法】乾式法（敲碎法）

【粒子】5釐米以下

帶有古信樂燒氣氛的黏土。為了保留原土的土味，只經過最小限度的粉碎、混練。土中混入矽長石顆粒，給人粗獷、質粗而雜的感覺。適合穴窯燒成，藉由燃料的柴灰形成的自然釉（註：參考第175頁），讓燒成後的作品呈現出野趣的氣氛。

氧化燒成　還原燒成　碳化燒成

【收縮率】本燒時：約10%

篠原土（水簸法）

SHINRYU

【製土法】水簸法

【粒子】50目

滋賀縣野洲市篠原地方產出的黏土。蛙目黏土質，粒子細緻。因為含砂量較高的關係，質粗而雜。雖然容易製作，但乾燥時容易裂開，需要多加注意。含有些微的含鐵量，容易呈現出猩紅色（註：參考第175頁）。

氧化燒成　還原燒成　碳化燒成

【收縮率】本燒時：約12%

古伊賀土

YAMANI FIRST CERAMIC

【製土法】乾式法（敲碎法）

【粒子】20目

以古伊賀燒為印象製成的黏土。為了活用原土的個性，採用敲碎法精製。因為包含了矽長石顆粒在內，容易出現爆石（註：參考第175頁）。雖然燒成收縮性不太好，但其樸實、質粗而雜的土味充滿了魅力。

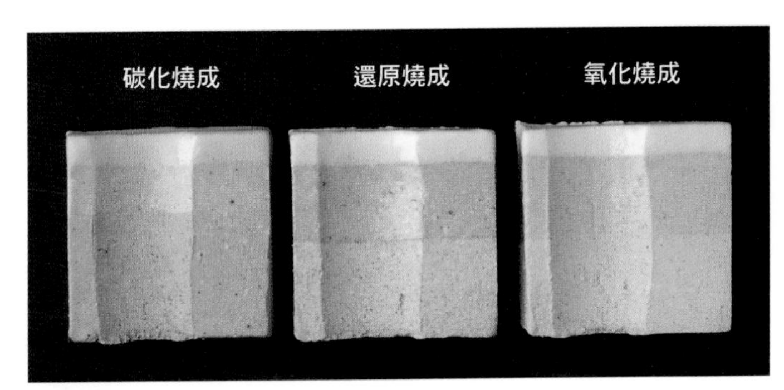

【收縮率】本燒時：約10%

五斗蒔土（白）

SHINRYU

【製土法】水簸法

【粒子】30目

土岐市五斗蒔地方開採可得，是美濃一帶的代表性黏土。含砂量多，質細而輕。收縮率低，燒成收縮性不佳，但其特有的土味與志野釉的搭配性很好。此外，含鐵量較少偏白色，以織部釉及黃瀨戶釉的施釉發色也很好。

氧化燒成　還原燒成　碳化燒成

【收縮率】本燒時：約 8%

志野艾土（荒目）

SHINRYU

【製土法】乾式法（敲碎法）

【粒子】30目

主要為志野燒使用的美濃黏土。因為鬆散的黏土質感很像是艾灸用的艾草粉而得名。產出白尚未風化的土岐砂礫層。含砂量及淤泥含量高。收縮率低，燒成收縮性不佳。成型時容易裂開，要注意。

氧化燒成　還原燒成　碳化燒成

【收縮率】本燒時：約 8%

仁清土

YAMANI FIRST CERAMIC

【製土法】濕式法

【粒子】100目

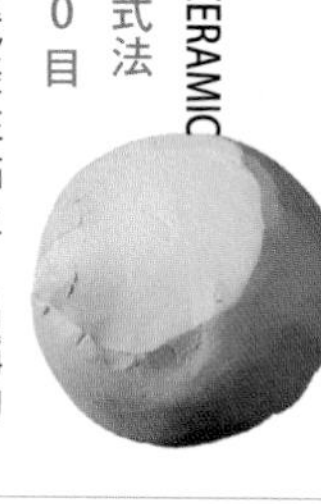

京都清水燒的代表性黏土。名稱的由來是源白江戶時代的京都名匠·野野村仁清。收縮率高，容易發生貫入。質地非常細緻且偏白色，上釉彩等彩繪的發色狀態佳。

氧化燒成　還原燒成　碳化燒成

【收縮率】本燒時：約 12%

赤津貫入土

SHINRYU

【製土法】濕式法

【粒子】100目

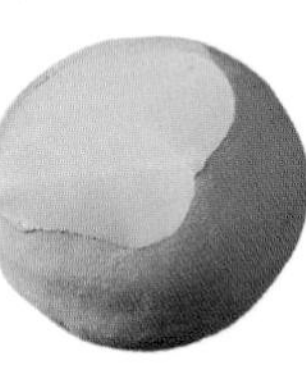

瀨戶的赤津地方開採所得之黏土。特性類似半瓷器土，燒成收縮後呈現硬質。因為收縮率高的關係，若施予玻璃質的釉藥，容易發生冰裂。質地非常細緻且偏白色，色釉的發色狀態佳。

氧化燒成　還原燒成　碳化燒成

【收縮率】本燒時：約 12%

白御影土荒目

精土

【製土法】水簸法

【粒子】60目＋2.5釐米以下的混入物

調和成類似御影石氣氛的黏土。燒成收縮性佳，可塑性高。基底是瓷器系的調和黏土。另外加入的矽長石顆粒及黑雲母（含鐵長石）、黏土熟料在燒成完成後，容易形成爆石及黑點。

碳化燒成　還原燒成　氧化燒成

【收縮率】本燒時：約 12%

赤土1號

精土

【製土法】水簸法

【粒子】40目

中目大小，含鐵量少的赤土。以出雲黃土為基底，進行含鐵量調整的赤土。可塑性高，容易製作而且耐用。製造商精土公司有1號到6號的赤土產品，號數愈大，含鐵量愈多。

碳化燒成　還原燒成　氧化燒成

【收縮率】本燒時：約 12%

赤土1號荒目

精土

【製土法】水簸法

【粒子】40目・2釐米以下的混入物

以上述的赤土1號為基底，加入矽長石顆粒及黏土熟料進行粒度調整的黏土。含鐵量較少，質感粗獷，質粗而雜。矽長石顆粒容易形成爆石。

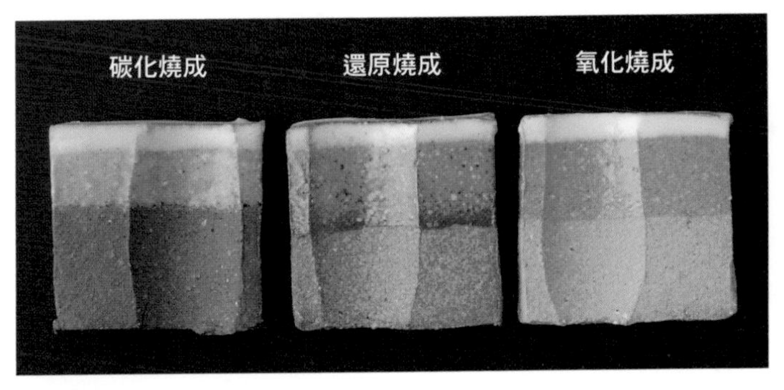

【收縮率】本燒時：約 12%

赤土6號

精土

【製土法】水簸法

【粒子】40目

與1號赤土相同，以出雲黃土為基底，加入含鐵量進行調整的黏土。中目大小，含鐵量極高。因為含鐵量熔點低的關係，燒成收縮狀態佳。特別是在還原燒成中的收縮率高、耐火度低。

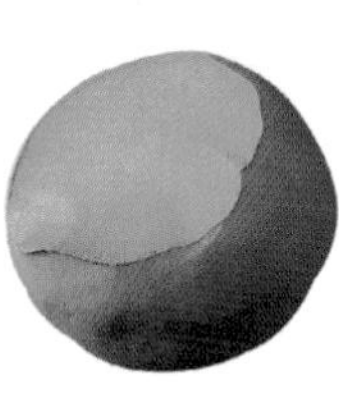

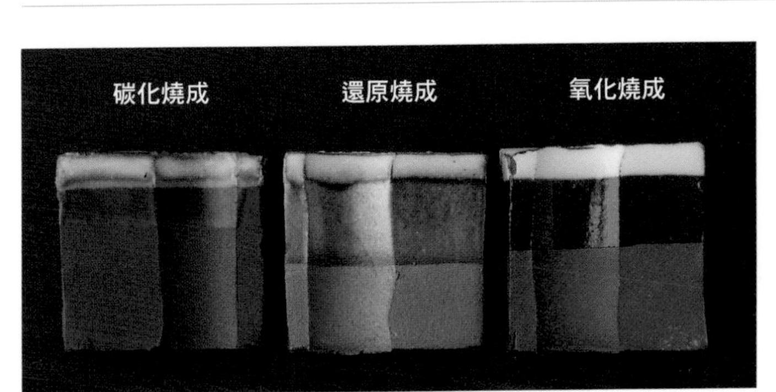

【收縮率】本燒時：約 14%

赤土6號荒目

精土

【製土法】水簸法

【粒子】40目・2釐米以下的混入物

以赤土6號為基底，加入矽長石顆粒及黏土熟料調整粒度。質感粗獷、質粗而雜，容易出現爆石。特別是在氧化燒成時，因為坯土的顏色偏向深紅色，爆石看起來會更加醒目。

碳化燒成　還原燒成　氧化燒成

【收縮率】本燒時：約 14%

五斗蒔土（黃）

SHINRYU

【製土法】水簸法

【粒子】30目

在五斗蒔土（白）（刊載於第10頁）加入赤土調和的黏土。含鐵量較少，有一些含鐵礦物少量混入其中。和五斗蒔土（白）相較下，受到調和時加入的赤土成分影響，收縮率高，燒成收縮性亦佳。

碳化燒成　還原燒成　氧化燒成

【收縮率】本燒時：約 10%

越前黏土（荒目）

YAMANI FIRST CERAMIC

【製土法】乾式法（敲碎法）

【粒子】10目

越前燒所使用的赤土。敲碎法的製法特徵之一是粒子大小不平均，呈現出土製器物特有的粗獷感及質粗而雜的外觀。含鐵量多，收縮率非常高。矽長石顆粒容易呈現出爆石的狀態。

碳化燒成　還原燒成　氧化燒成

【收縮率】本燒時：約 16%

萩土

YAMANI FIRST CERAMIC

【製土法】濕式法

【粒子】60目

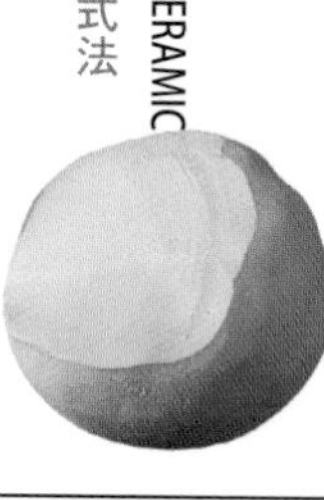

萩燒所使用的代表性黏土。主要是由金峯土與大道土調和製作而成。質地細緻，稍帶含砂量。些微的含鐵量轉變為其特有的溫和顏色外觀。燒成收縮性雖然不佳，但只要使用熟練之後，會更能感受到其深奧的味道。

碳化燒成　還原燒成　氧化燒成

【收縮率】本燒時：約 12%

唐津土

YAMANI FIRST CERAMIC

【製土法】水簸法

【粒子】40目

花崗岩自然風化後形成的樸實黏土。含砂量多，土味質細而輕。為了增加可塑性，加入水簸處理過的蛙目黏土。燒成收縮性雖然不佳，但其柔和的外觀受到茶人的喜愛。

碳化燒成　還原燒成　氧化燒成

【收縮率】本燒時：約 12%

黑泥

YAMANI FIRST CERAMIC

【製土法】濕式法

【粒子】60目

將鈷或金紅石添加入細目黏土，調和成黑色的黏土。質地細緻、具有可塑性。燒成收縮性佳，收縮率高。氧化燒成時會發色成黑色，還原燒成時則會呈現略帶綠色的色味。

碳化燒成　還原燒成　氧化燒成

【收縮率】本燒時：約 14%

半瓷土（上）

YAMANI FIRST CERAMIC

【製土法】濕式法

【粒子】100目

將白土加入陶石（瓷土）調和而成的黏土。同時具備白土容易製作的特徵，以及瓷土的潔白、具硬度的燒成收縮性的黏土。然而卻沒有瓷土的透光性。主要使用於瀨戶及京都一帶。

碳化燒成　還原燒成　氧化燒成

【收縮率】本燒時：約 12%

天草白瓷土

YAMANI FIRST CERAMIC

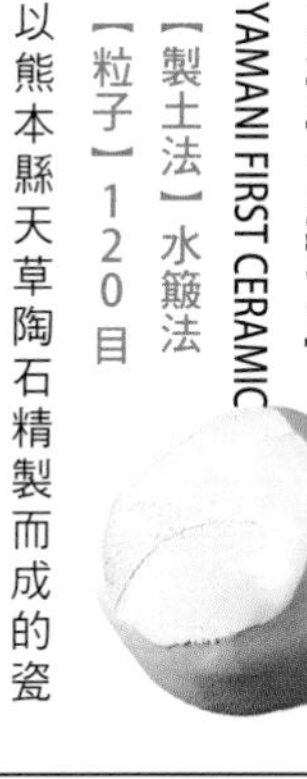

【製土法】水簸法

【粒子】120目

以熊本縣天草陶石精製而成的瓷土。顏色非常白，燒成收縮狀態為硬質。此外，矽酸分多，因此帶有透光性。粒子非常細，所以成型稍微有些難度。大多使用於白瓷、青白瓷、青花瓷。

碳化燒成　還原燒成　氧化燒成

【收縮率】本燒時：約 14%

「石灰透明釉」（釉陶）的施釉範例

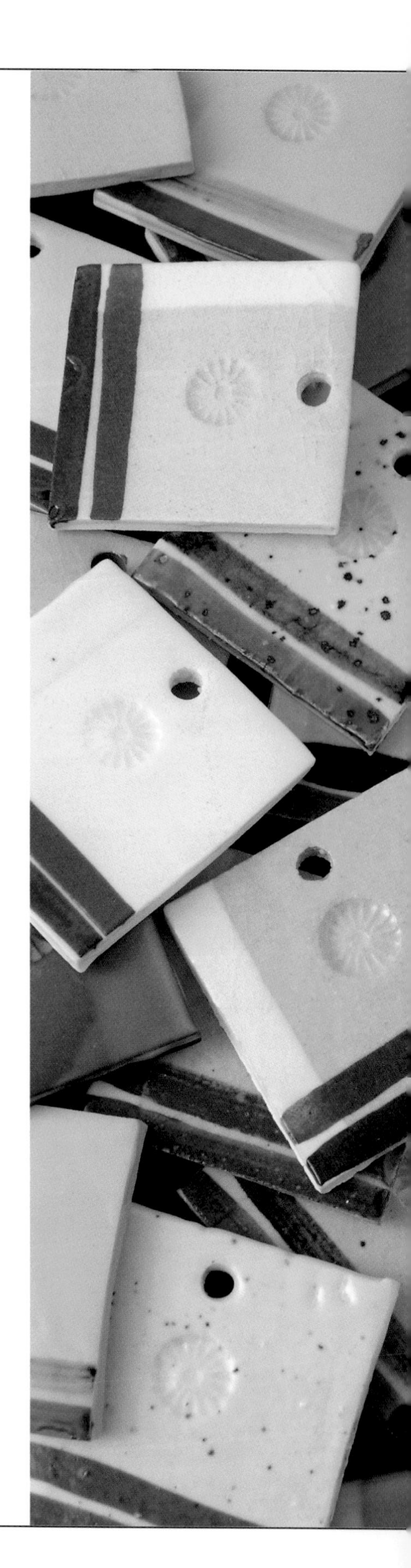

透明釉的基本型

釉藥的主要成分是玻璃質的「矽酸」。實際上在調和釉藥時，是由大量含有矽酸的「長石」等原料，與稱為「鹼類」的助熔劑（用來幫助熔化的原料）混合調整而成。鹼類的原料各式各樣，每種原料的熔化特性都不同，形成釉調的差異。

石灰透明釉是將鹼類的「石灰」作為助熔劑的釉藥。主要成分是碳酸鈣，不容易出現冰裂和氣泡，是一種接近無色透明的透明釉。釉藥本身的使用方法也簡單，燒成完成後的作品也不易髒污，相當方便好用。

此外，也可以當作基礎釉來加以活用。在石灰透明釉裡加上鐵、銅或鈷等的金屬顏料製作成色釉或是加入滑石、鈦或氧化鎂等的結晶材，也能製作成無光釉等。

釉藥的調整

石灰透明釉，原本就已經調整成恰到好處的濃度，可以直接使用。

在「信樂水簸土」的施釉範例

【販售業者】丸二陶料
【製土法】水簸法
【粒子】80目

碳化燒成　還原燒成　氧化燒成

整體呈現出非常清澈的柔亮光澤。氧化燒成為淺黃色、還原燒成帶青色，在白化妝土的部分則呈現猩紅色（註：參考第 175 頁）。

在「紫香樂黏土」的施釉範例

【販售業者】丸二陶料
【製土法】乾式法（敲碎法）
【粒子】40目

釉調清澈，即使土味較粗獷亦能清楚可見。氧化燒成為淺黃色、還原燒成帶青色，素坯本身的含鐵量呈現出淡桃色調的猩紅色。

在「古信樂土（荒）」的施釉範例

【販售業者】丸二陶料
【製土法】乾式法（敲碎法）
【粒子】5釐米以下

氧化燒成為淺黃色，還原燒成、碳化燒成所帶的青色相對較少。整體地光滑，粗顆粒土所特有的堅硬粗糙感不強烈。

在「篠原土（水簸法）」的施釉範例

【販售業者】SHINRYU
【製土法】水簸法
【粒子】50目

碳化燒成　還原燒成　氧化燒成

整體出現冰裂，特別是雙重施釉的部分會呈現較明顯的冰裂。氧化燒成會變成紅色系較強的淺黃色。在還原燒成也會燒出暖色系的淺黃色。

在「古伊賀土」的施釉範例

【販售業者】YAMANI FIRST CERAMIC
【製土法】乾式法（敲碎法）
【粒子】20目

碳化燒成　還原燒成　氧化燒成

因為釉面整體清澈光滑的關係，黏土的粗糙度不明顯。還原燒成呈現較淺的暖色系，在白化妝土上則顯現猩紅色。

在「五斗蒔土（白）」的施釉範例

【販售業者】SHINRYU
【製土法】水簸法
【粒子】30目

任何一種燒成方法都會燒出相對偏白的顏色，還原燒成和碳化燒成會讓黏土中所含有的鐵礦物質呈現出細小的黑色斑點。

在「志野艾土（荒目）」的施釉範例

【販售業者】SHINRYU
【製土法】乾式法（敲碎法）
【粒子】30目

碳化燒成　還原燒成　氧化燒成

氧化燒成略帶淺黃色，還原燒成和碳化燒成帶有青色。此外，黏土中所含有的鐵礦物質會呈現出細小的黑色斑點。

在「仁清土」的施釉範例

【販售業者】YAMANI FIRST CERAMIC
【製土法】濕式法
【粒子】100目

碳化燒成　還原燒成　氧化燒成

整體呈現溫和的釉調，不過因為素坯的收縮率大，會呈現出非常細微的冰裂。還原燒成容易形成猩紅色。

在「赤津貫入土」的施釉範例

【販售業者】SHINRYU
【製土法】濕式法
【粒子】100目

碳化燒成　還原燒成　氧化燒成

任何一種燒成方法都會燒出相對偏白的顏色，還原燒成和碳化燒成帶有青色感，給人類似半瓷器土的硬質印象。

在「白御影土荒目」的施釉範例

【販售業者】精土
【製土法】水簸法
【粒子】60目＋2.5釐米以下的混入物

碳化燒成　還原燒成　氧化燒成

由於素坯大量地包含矽石粒和黑雲母等的混入物，會呈現出較大的黑色斑點。特別是還原燒成和碳化燒成的黑色斑點會暈染開來變得更加顯眼。

在「赤土1號」的施釉範例

【販售業者】精土
【製土法】水簸法
【粒子】40目

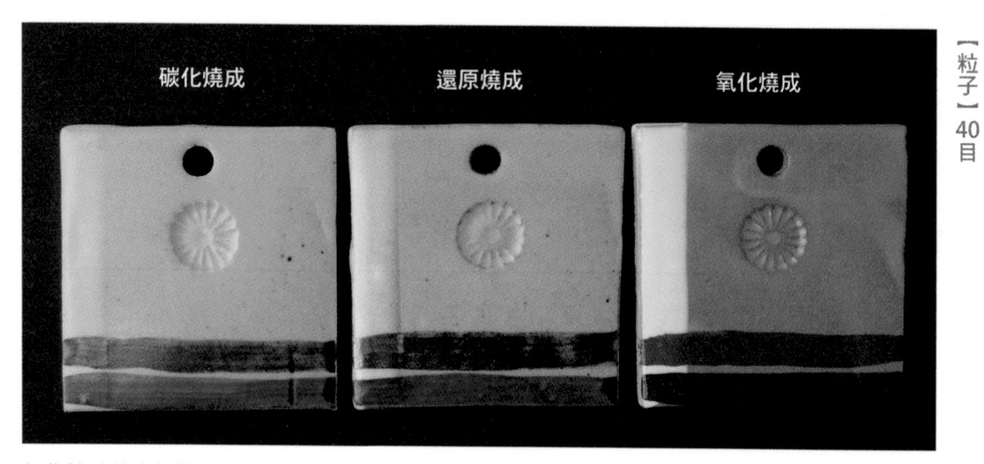

氧化燒成的素坯顏色偏茶紅色，還原燒成和碳化燒成則會變成灰色。雙重施釉的部分稍微白濁。

在「赤土1號荒目」的施釉範例

【販售業者】精土
【製土法】水簸法
【粒子】40目・2釐米以下的混入物

碳化燒成　還原燒成　氧化燒成

因為含鐵量不多的關係，整體地呈現溫和的色調。素坯所包含的矽石粒會成為細小的白色顆粒。還原燒成時，白化妝土會出現猩紅色。

在「赤土6號」的施釉範例

【販售業者】精土
【製土法】水簸法
【粒子】40目

碳化燒成　還原燒成　氧化燒成

氧化燒成會發生氣泡，呈現白濁外觀。還原燒成由於素坯的含鐵量的影響，會出現茶紅色～白色的大幅度顏色深淺變化。

在「赤土6號荒目」的施釉範例

【販售業者】精土
【製土法】水簸法
【粒子】40目・2釐米以下的混入物

整體呈現出素坯的粗糙度，表情粗獷。此外，素坯裡包含的矽石粒會形成白色顆粒，還原燒成時，在白化妝土上呈現猩紅色。

在「五斗蒔土（黃）」的施釉範例

【販售業者】SHINRYU
【製土法】水簸法
【粒子】30目

整體呈現光滑、淺色的色調。還原燒成和碳化燒成時，素坯中所含的鐵礦物會形成細小的黑色斑點。

在「越前黏土（荒目）」的施釉範例

【販售業者】YAMANI FIRST CERAMIC
【製土法】乾式法（敲碎法）
【粒子】10目

碳化燒成　還原燒成　氧化燒成

氧化燒成會發生氣泡形成白濁外觀。還原燒成時呈現茶紅色～灰色的顏色深淺變化，表情豐富。還有，在白化妝土的部分容易出現猩紅色。

在「萩土」的施釉範例

【販售業者】YAMANI FIRST CERAMIC
【製土法】濕式法
【粒子】60目

氧化燒成時會呈現萩土特有的鮮豔枇杷色。還原燒成時，白化妝土也會出現猩紅色。

在「唐津土」的施釉範例

【販售業者】YAMANI FIRST CERAMIC
【製土法】水簸法
【粒子】40目

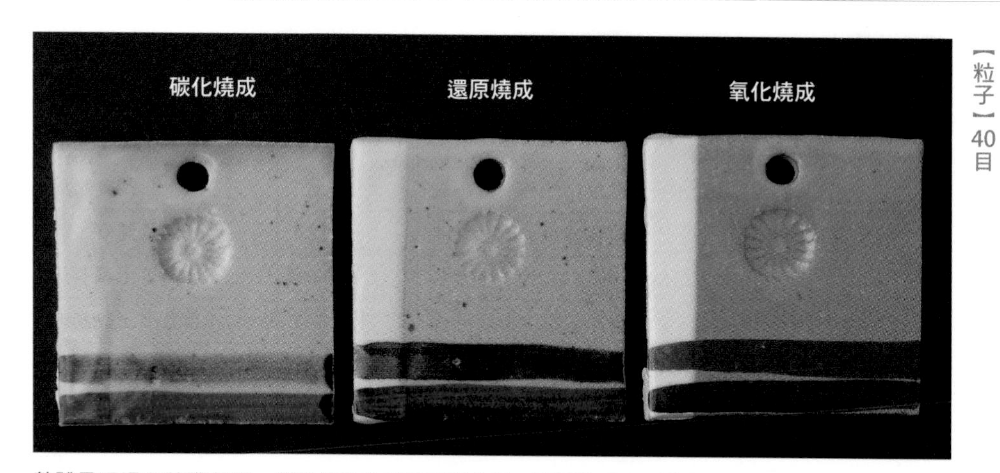

整體呈現溫和的淺色調。雙重施釉的部分略顯白濁，還原燒成和碳化燒成時會出現黑色斑點。

在「黑泥」的施釉範例

【販售業者】YAMANI FIRST CERAMIC
【製土法】濕式法
【粒子】60目

碳化燒成　還原燒成　氧化燒成

因為素坯較黑的關係，不管任何一種燒成方式，雙重施釉部分的白濁都很顯眼。氧化燒成最黑，還原燒成則稍帶紅色。

在「半瓷土（上）」的施釉範例

【販售業者】YAMANI FIRST CERAMIC
【製土法】濕式法
【粒子】100目

氧化燒成略帶些微淺黃色。還原燒成和碳化燒成時，青色感變得強。還原燒成的白化妝土所呈現的猩紅色，是由於白化妝土中的含鐵量造成。

在「天草白瓷土」的施釉範例

【販售業者】YAMANI FIRST CERAMIC
【製土法】水簸法
【粒子】120目

整體燒成的感覺呈現硬質且有透明感。氧化燒成會帶些微淺黃色，還原燒成和碳化燒成的青色感變得更強。

「土灰透明釉」（釉陶）的施釉範例

透明釉的原型

所謂土灰，指的是將各式各樣的木灰攙混的後雜灰。雖然玻璃釉（第94頁）也是以木灰為主要成分，但卻是非常不穩定的釉藥。將玻璃釉加入長石，使狀態穩定的玻璃質釉藥，就是這個土灰釉。此外，也有將使用松樹和橡樹等特定的樹種木灰的玻璃質釉藥統稱為土灰釉的情形。

現代的透明釉，主要是以石灰作為助熔劑（註：參考第175頁）。不過，木灰的主要成分也和石灰一樣是鈣。直到現代，市面上流通品質良好的石灰為止，過去都是廣泛地使用木灰作為助熔劑，因此也可以說土灰釉就是透明釉的原形釉藥。因為木灰當中也包含其他的鹼類和鐵分在內的關係，形成帶有顏色、冰裂或氣泡的複雜釉調。這些成分，在還原燒成時，會呈現青瓷釉和青白釉一樣的色調，因此也被稱呼為「土灰青瓷」。

釉藥的調整

釉陶的土灰透明釉，原本就已經調整成恰到好處的濃度，可以直接使用。

在「信樂水簸土」的施釉範例

【販售業者】丸二陶料
【製土法】水簸法
【粒子】80目

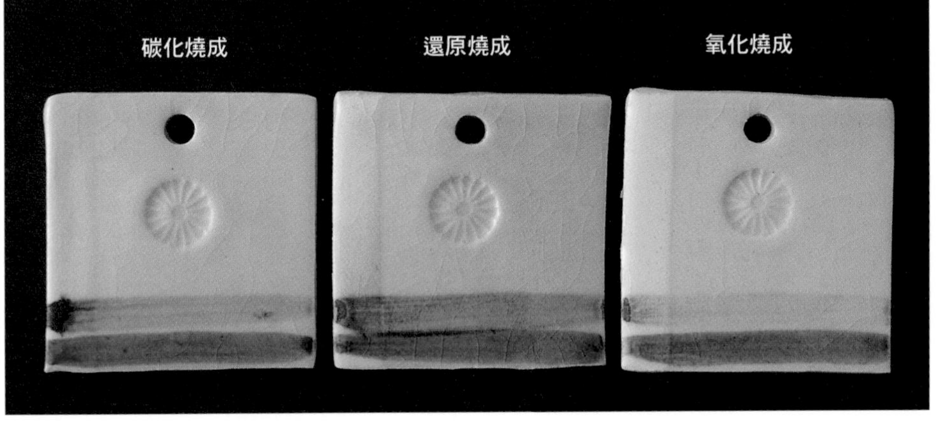

氧化燒成呈現淺黃色，還原燒成與碳化燒成則會感覺帶著青色。整體會出現比較大的冰裂，還原燒成則容易出現猩紅色（註：參考第 175 頁）。

在「紫香樂黏土」的施釉範例

【販售業者】丸二陶料
【製土法】乾式法（敲碎法）
【粒子】40目

隨著素坯的凹凸而呈現出豐富的表情。整體出現細微的冰裂，還原燒成與碳化燒成時，厚塗釉的部分會有帶著青色的感覺。

在「古信樂土（荒）」的施釉範例

【販售業者】丸二陶料
【製土法】乾式法（敲碎法）
【粒子】5釐米以下

黏土中所含有的矽長石顆粒及黑雲母會形成土味。還原燒成時，釉藥較薄的部分會呈現淡紅色，較濃的部分則感覺帶著青色。

在「篠原土（水簸法）」的施釉範例

【販售業者】SHINRYU
【製土法】水簸法
【粒子】50目

碳化燒成　還原燒成　氧化燒成

整體總是會出現細微的冰裂。因為素坯的質地細緻的關係，給人感覺溫和的氣氛。還原燒成時，上釉較薄的部分會呈現稍微淺橙色。

在「古伊賀土」的施釉範例

【販售業者】YAMANI FIRST CERAMIC
【製土法】乾式法（敲碎法）
【粒子】20目

整體會出現較大的冰裂。還原燒成與碳化燒成時，黏土中含有的鐵粉（黑雲母）會形成黑色的斑點。

在「五斗蒔土（白）」的施釉範例

【販售業者】SHINRYU
【製土法】水簸法
【粒子】30目

因為收縮率低的關係，冰裂較少，整體呈現出較淡的色味。還原燒成與碳化燒成時，鐵粉（黑雲母）會形成細微的黑色斑點。

在「志野艾土（荒目）」的施釉範例

【販售業者】SHINRYU
【製土法】乾式法（敲碎法）
【粒子】30目

碳化燒成　還原燒成　氧化燒成

因為與五斗蒔土（白）同樣不容易收縮的關係，幾乎看不到冰裂發生。由鐵粉（黑雲母）所造成的細微黑色斑點比五斗蒔土（白）更多。

在「仁清土」的施釉範例

【販售業者】YAMANI FIRST CERAMIC
【製土法】濕式法
【粒子】100目

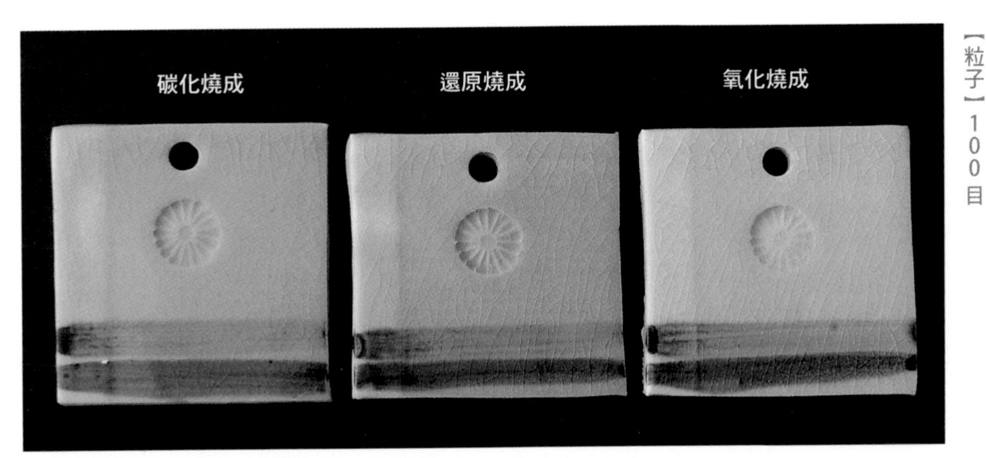

因收縮率較高的關係，整體會出現非常細微的冰裂。還原燒成時容易呈現猩紅色，特別是白化妝土的部分的表情相當豐富。

在「赤津貫入土」的施釉範例

【販售業者】SHINRYU
【製土法】濕式法
【粒子】100目

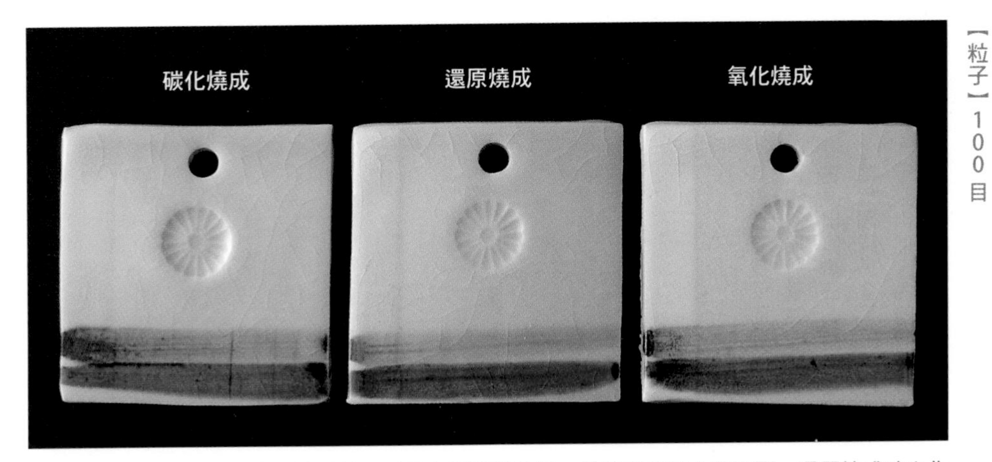

質地細緻，而且是白色素坯的關係，呈現出滑順的釉調。整體出現較大的冰裂，還原燒成時白化妝土會呈現猩紅色。

在「白御影土荒目」的施釉範例

【販售業者】精土
【製土法】水簸法
【粒子】60目＋2.5釐米以下的混入物

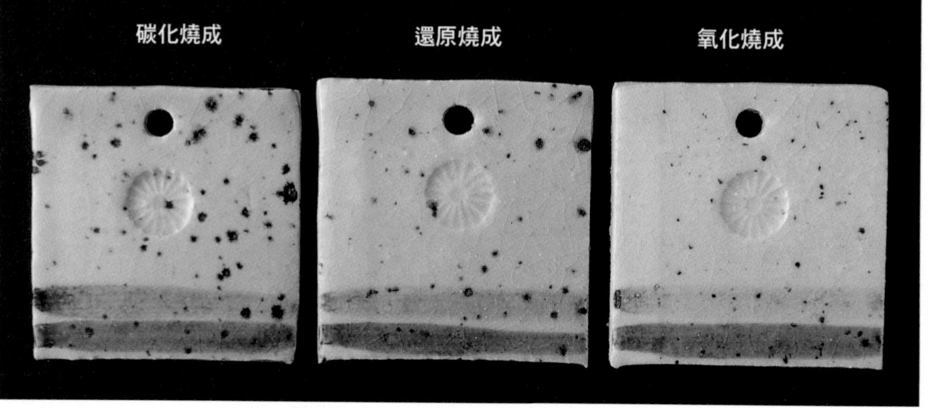

燒成後整體偏向白色系，但因為矽長石顆粒及黑雲母等的混入物多，會出現許多較大的黑色斑點暈染。

在「赤土1號」的施釉範例

【販售業者】精土
【製土法】水簸法
【粒子】40目

因為是含鐵量少的紅土，燒成後整體呈現溫和的色調，不太會形成冰裂。還原燒成時，白化妝土部分會出現深色的猩紅色。

在「赤土1號荒目」的施釉範例

【販售業者】精土
【製土法】水簸法
【粒子】40目・2釐米以下的混入物

混入的矽長石顆粒及黏土熟料形成土味。整體出現細微的冰裂，還原燒成時還可以看到猩紅色。

在「赤土6號」的施釉範例

【販售業者】精土
【製土法】水簸法
【粒子】40目

碳化燒成 還原燒成 氧化燒成

因為含鐵量較多的關係，還原燒成與碳化燒成時，燒成完成後會偏黑。釉藥的濃度不同會帶來複雜的色味變化，使表情顯得更加豐富。

在「赤土6號荒目」的施釉範例

【販售業者】精土
【製土法】水簸法
【粒子】40目・2釐米以下的混入物

因為色味較濃的關係，矽長石顆粒與黏土熟料等混入物所形成的白色顆粒顯眼。表情也會較粗獷而且富有變化。

在「五斗蒔土（黃）」的施釉範例

【販售業者】SHINRYU
【製土法】水簸法
【粒子】30目

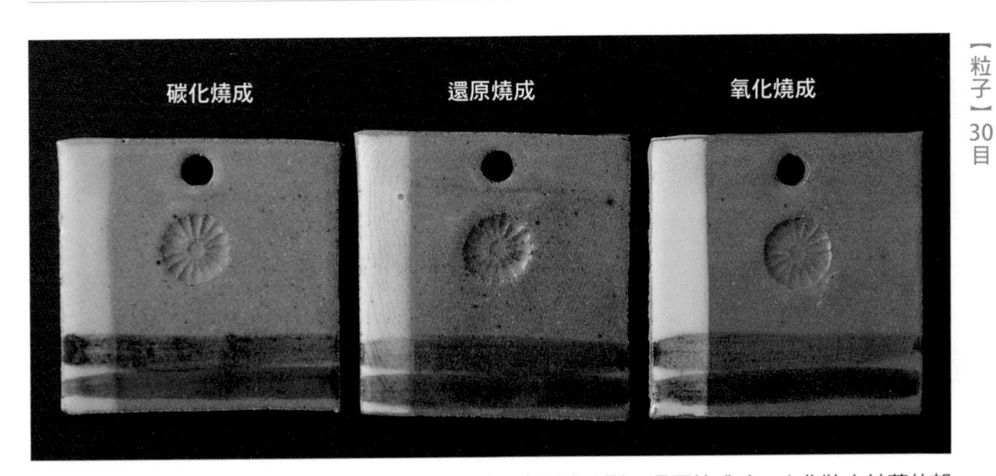

整體氣氛變得溫和。因土質不易收縮之故，幾乎不會形成冰裂。還原燒成時，白化妝土較薄的部分會出現猩紅色。

在「越前黏土（荒目）」的施釉範例

【販售業者】YAMANI FIRST CERAMIC
【製土法】乾式法（敲碎法）
【粒子】10目

碳化燒成　還原燒成　氧化燒成

因為收縮率較高的關係，整體出現細微的冰裂。土味質粗而雜，而且含鐵量多，還原燒成時白化妝土會形成複雜的猩紅色。

在「萩土」的施釉範例

【販售業者】YAMANI FIRST CERAMIC
【製土法】濕式法
【粒子】60目

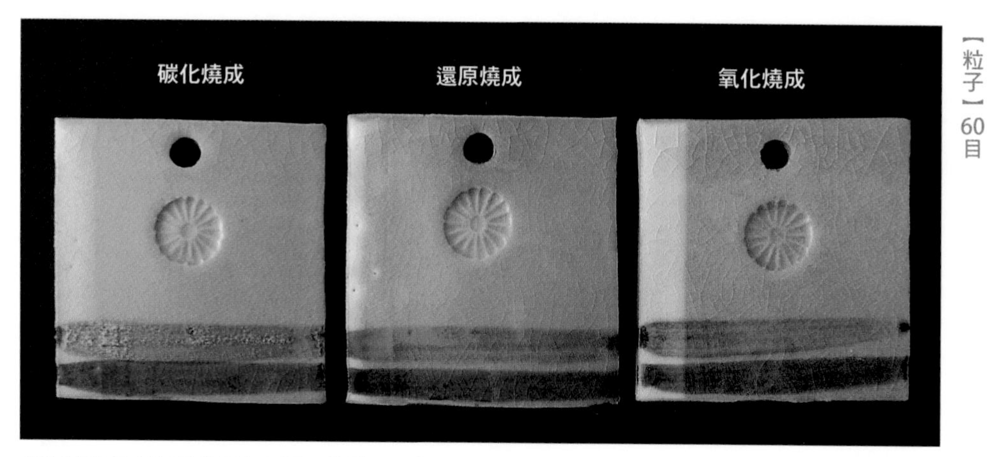

外觀呈現萩土獨特的溫和色調，整體出現細微地冰裂。還原燒成時、素坯與白化妝土兩者都會顯現猩紅色。

在「唐津土」的施釉範例

【販售業者】YAMANI FIRST CERAMIC
【製土法】水簸法
【粒子】40目

碳化燒成　還原燒成　氧化燒成

含砂量較多，土味質細且輕，呈現出獨特的淺色調。冰裂少，還原燒成與碳化燒成時會出現黑色斑點。

在「黑泥」的施釉範例

【販售業者】YAMANI FIRST CERAMIC
【製土法】濕式法
【粒子】60目

碳化燒成　還原燒成　氧化燒成

氧化燒成時呈現黑色，還原燒成與碳化燒成時帶有青色感。幾乎不會出現冰裂。不太看得見釉下彩的顏料。

在「半瓷土（上）」的施釉範例

【販售業者】YAMANI FIRST CERAMIC
【製土法】濕式法
【粒子】100目

幾乎看不到冰裂發生，厚塗的部分出現氣泡。還原燒成時呈現青白瓷般的色味，白化妝土的部分稍微顯現猩紅色。

在「天草白瓷土」的施釉範例

【販售業者】YAMANI FIRST CERAMIC
【製土法】水簸法
【粒子】120目

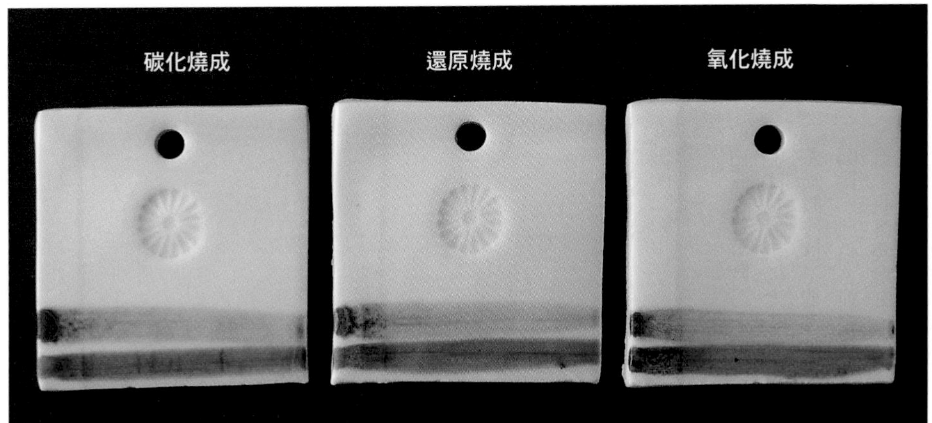

與半瓷土相同，幾乎看不到冰裂發生，厚塗的部分出現氣泡。燒成完成後整體給人清澈的印象。

「無光半透明釉」（釉陶）的施釉範例

柔和的消光感

無光半透明釉屬於「無光釉」的一種。無光釉有各式各樣的不同種類，質感和白濁的狀態也各有不同。調和無光釉的切入方式有許多，這裡介紹的無光半透明釉是以石灰透明釉為基底，加入氧化鋁成分較多的高嶺土等黏土質為原料，藉以呈現出消光感。調整添加量，產生些微的白濁，形成半透明狀態，同時可以達到抑制釉面光澤的效果。由於釉色具有柔和的穿透性，與一般白色較強烈的無光釉。相較之下，特徵是容易看見素坯的色調與質感。

另一方面，因為添加具有黏土質的原料，收縮率較高。施釉後乾燥及燒成時容易收縮，也是其特徵之一。也因此在土質較粗糙的黏土上雙重施釉的部分，容易形成梅花皮（註：參考第175頁）般的缺釉現象。

釉藥的調整

釉陶的無光半透明釉，原本就已經調整成恰到好處的濃度，可以直接使用。

在「信樂水簸土」的施釉範例

【販售業者】丸二陶料
【製土法】水簸法
【粒子】80目

碳化燒成　還原燒成　氧化燒成

整體質感呈現濕潤感。氧化燒成時稍微帶黃色感。還原燒成與碳化燒成時帶有青色感，在白化妝土的部分可以看到猩紅色（註：參考第 175 頁）。

在「紫香樂黏土」的施釉範例

【販售業者】丸二陶料
【製土法】乾式法（敲碎法）
【粒子】40目

整體呈現淺色調。此外，黏土粗糙，容易留下細小孔洞。氧化鐵（鐵紅）與青花（鈷藍）的發色相對良好。

在「古信樂土（荒）」的施釉範例

【販售業者】丸二陶料
【製土法】乾式法（敲碎法）
【粒子】5釐米以下

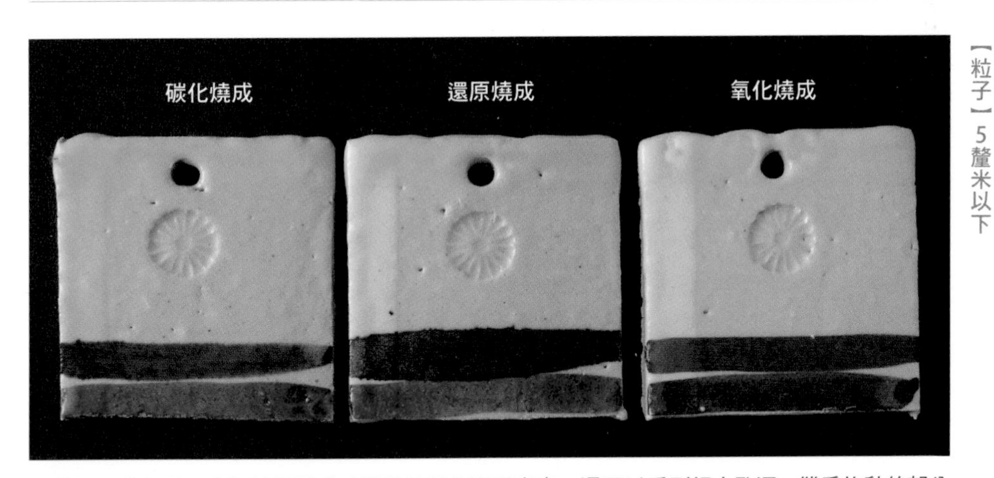

整體呈現淺色調。素坯的粗糙感以細微地凹凸顯現出來，還可以看到細小孔洞。雙重施釉的部分容易缺釉。

在「篠原土（水簸法）」的施釉範例

【販售業者】SHINRYU
【製土法】水簸法
【粒子】50目

碳化燒成　還原燒成　氧化燒成

整體呈現平滑柔順的釉調。還原燒成時單層施釉的部分稍微帶紅色感，氧化鐵稍微有些暈染。

在「古伊賀土」的施釉範例

【販售業者】YAMANI FIRST CERAMIC
【製土法】乾式法（敲碎法）
【粒子】20目

碳化燒成　還原燒成　氧化燒成

素坯的粗糙感呈現出表面細微地凹凸。雙重施釉的部分容易出現缺釉，青花上彩的部分，釉藥容易縮起。

在「五斗蒔土（白）」的施釉範例

【販售業者】SHINRYU
【製土法】水簸法
【粒子】30目

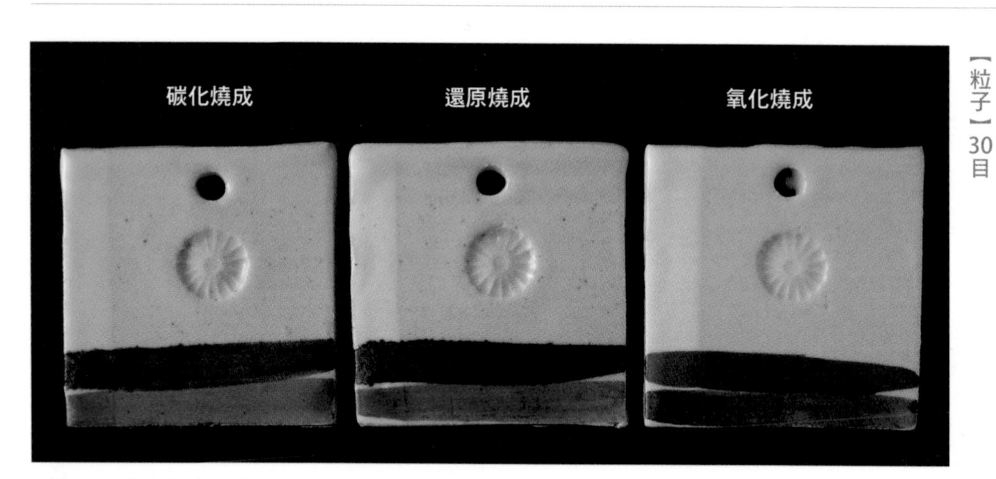

任何一種燒成方法都會呈現出淺色調。還原燒成與碳化燒成時，大量出現細微的黑色斑點。沒有觀察到缺釉的狀況。

在「志野艾土（荒目）」的施釉範例

【販售業者】SHINRYU
【製土法】乾式法（敲碎法）
【粒子】30目

碳化燒成　還原燒成　氧化燒成

整體呈現淺色調。還原燒成時大量出現細微的黑色斑點。雙重施釉的部分可以觀察到缺釉。

在「仁清土」的施釉範例

【販售業者】YAMANI FIRST CERAMIC
【製土法】濕式法
【粒子】100目

整體外觀呈現平滑柔順的釉調，但青花的部分出現大範圍的縮釉。還原燒成時，白化妝土的部分可以看到猩紅色。

在「赤津貫入土」的施釉範例

【販售業者】SHINRYU
【製土法】濕式法
【粒子】100目

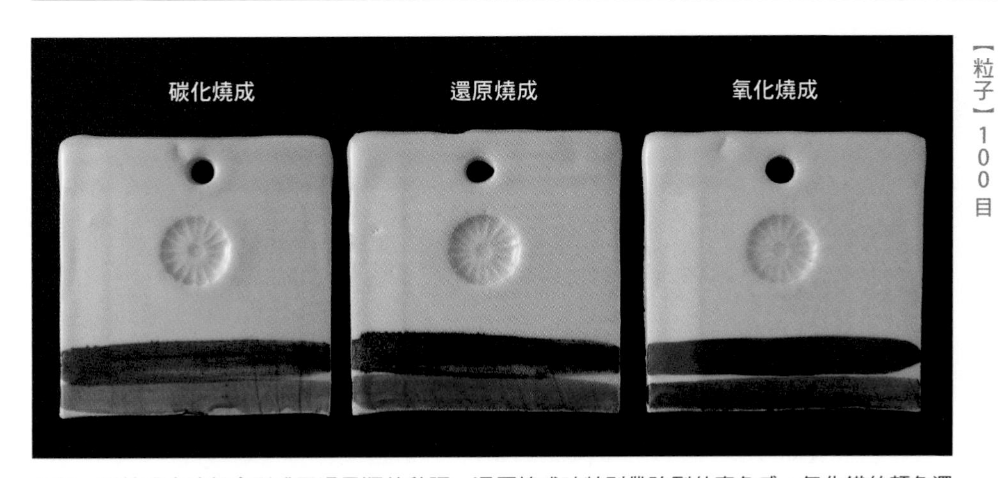

任何一種燒成方法都會形成平滑柔順的釉調。還原燒成時特別帶強烈的青色感，氧化鐵的顏色深淺易於呈現。很少發生缺釉。

在「白御影土荒目」的施釉範例

【販售業者】精土
【製土法】水簸法
【粒子】60目＋2.5釐米以下的混入物

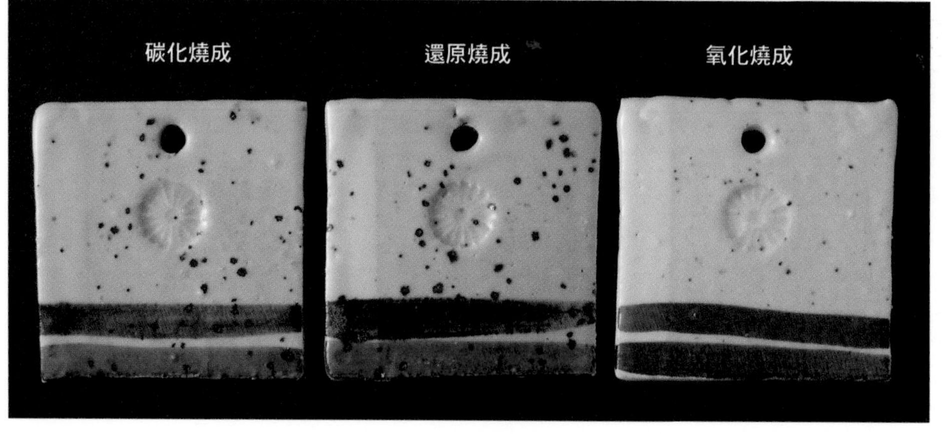

因為素坯中所含有的矽長石顆粒及黑雲母，會形成許多較大的黑色斑點。色味較淡，缺釉不多。

在「赤土1號」的施釉範例

【販售業者】精土
【製土法】水簸法
【粒子】40目

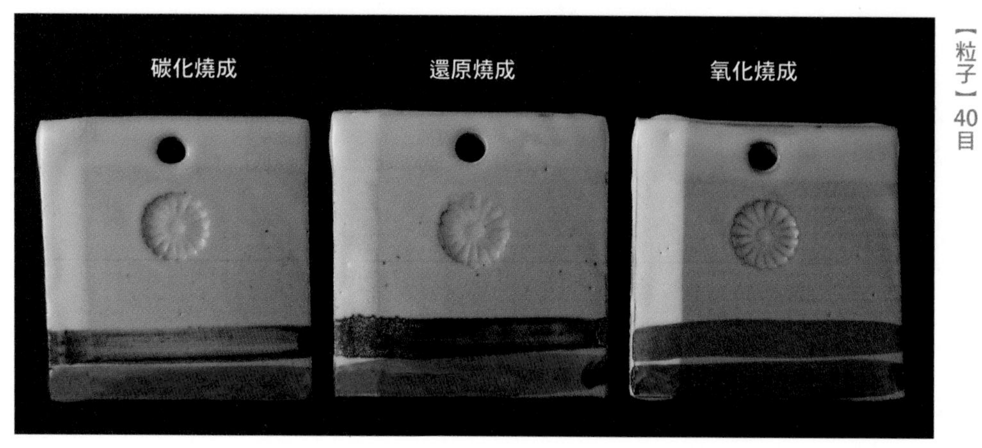

氧化燒成時呈現淺橙色，還原燒成與碳化燒成時帶有青色感。白化妝土的部分可以觀察到猩紅色。青花雖然可見，但發色不佳。

在「赤土1號荒目」的施釉範例

【販售業者】精土
【製土法】水簸法
【粒子】40目・2釐米以下的混入物

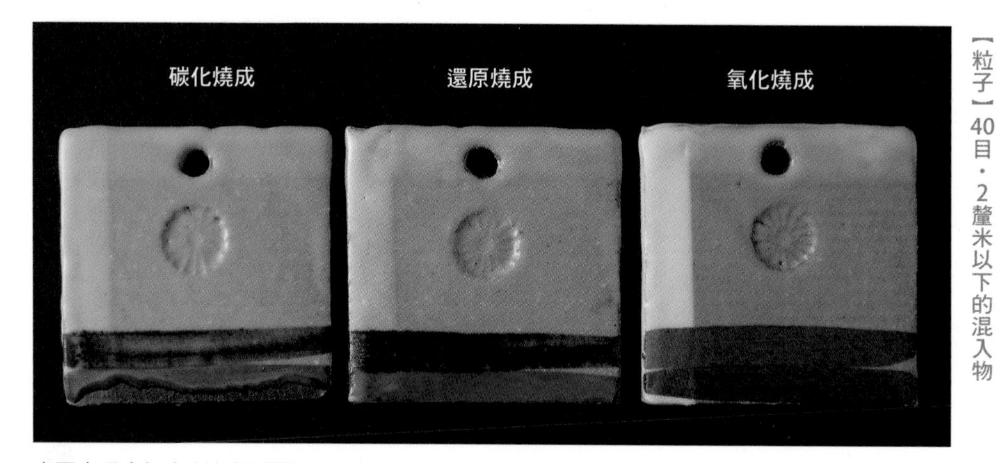

表面出現素坯中含有的矽長石顆粒及黏土熟料。缺釉較多，而且青花上彩的部分可以看到縮釉。

在「赤土6號」的施釉範例

【販售業者】精土
【製土法】水簸法
【粒子】40目

碳化燒成　還原燒成　氧化燒成

因為素坯的顏色較深，白濁醒目，釉藥的顏色不均容易以顏色深淺的方式呈現。雖然缺釉較少，但白化妝土部分的青花稍微容易縮起。

在「赤土6號荒目」的施釉範例

【販售業者】精土
【製土法】水簸法
【粒子】40目・2釐米以下的混入物

因釉藥顏色不均，容易形成顏色深淺，看起來表情豐富。還原燒成時猩紅色相當顯眼。容易發生缺釉及縮釉。

在「五斗蒔土（黃）」的施釉範例

【販售業者】SHINRYU
【製土法】水簸法
【粒子】30目

碳化燒成　還原燒成　氧化燒成

氧化燒成時呈現淺橙色，還原燒成與碳化燒成時帶有青色感，也可以觀察到猩紅色。雙重施釉的部分缺釉很醒目。

在「越前黏土（荒目）」的施釉範例

【販售業者】YAMANI FIRST CERAMIC
【製土法】乾式法（敲碎法）
【粒子】10目

碳化燒成　還原燒成　氧化燒成

氧化燒成時，白濁相當顯眼，形成景色。還原燒成與碳化燒成時會出現黑色斑點。青花的部分釉藥容易捲起。

在「萩土」的施釉範例

【販售業者】YAMANI FIRST CERAMIC
【製土法】濕式法
【粒子】60目

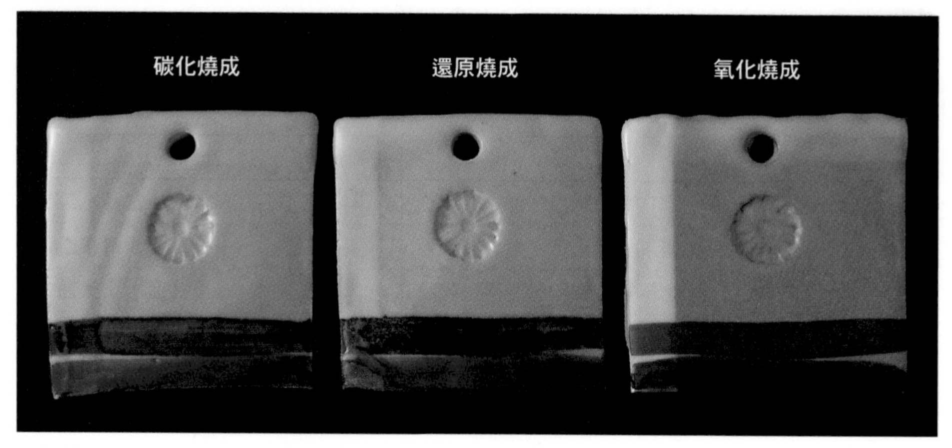

氧化燒成時呈現淺橙色。還原燒成與碳化燒成時帶有青色感，白化妝土的部分可以觀察到猩紅色。白化妝土部分的青花容易縮起。

在「唐津土」的施釉範例

【販售業者】YAMANI FIRST CERAMIC
【製土法】水簸法
【粒子】40目

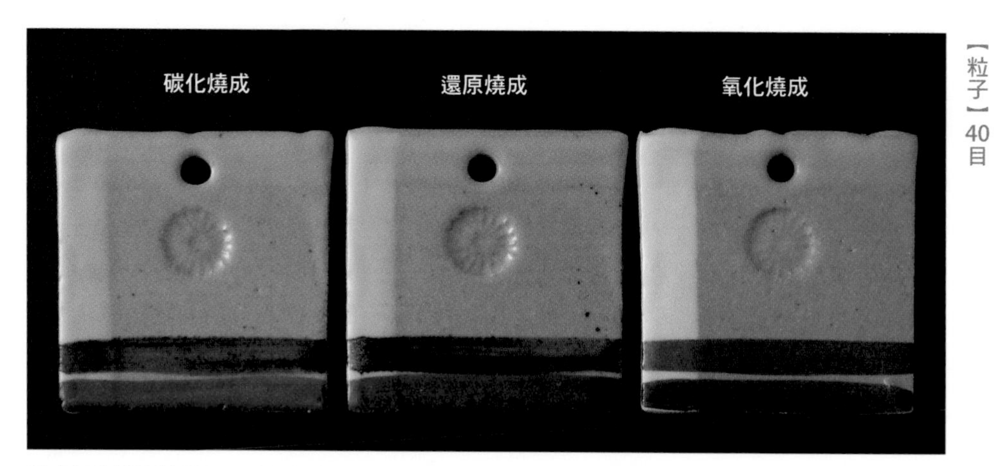

與素坯的搭配性較好，沒有觀察到缺釉及縮釉。氧化燒成時呈現淺褐色，還原燒成與碳化燒成時帶有淺淺的青色感。

在「黑泥」的施釉範例

【販售業者】YAMANI FIRST CERAMIC
【製土法】濕式法
【粒子】60目

碳化燒成　還原燒成　氧化燒成

因為素坯顏色較深的關係，白濁相當顯眼。釉藥的顏色不均容易呈現由灰色到白色的顏色深淺變化。沒有觀察到缺釉及縮釉。

在「半瓷土（上）」的施釉範例

【販售業者】YAMANI FIRST CERAMIC
【製土法】濕式法
【粒子】100目

碳化燒成　還原燒成　氧化燒成

整體呈現平滑柔順的釉調，色調也較淡。氧化燒成時呈現淺黃色，還原燒成時帶有強烈青色感。沒有觀察到缺釉及縮釉的現象。

在「天草白瓷土」的施釉範例

【販售業者】YAMANI FIRST CERAMIC
【製土法】水簸法
【粒子】120目

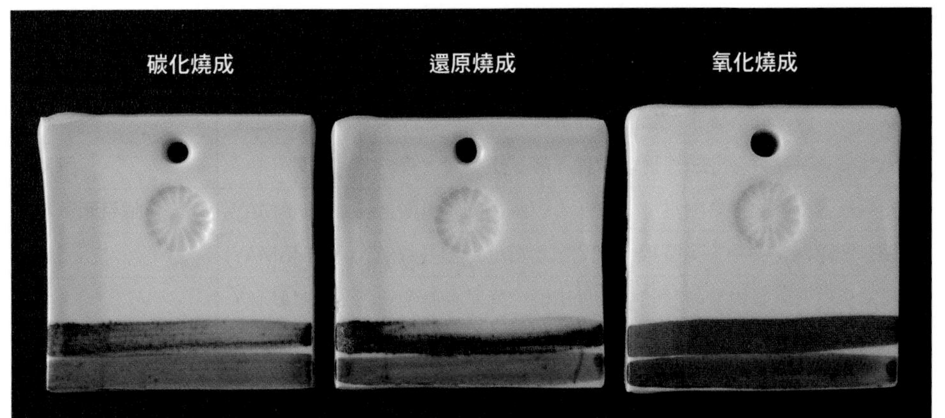

與半瓷土相同，整體呈現平滑柔順，釉的色調也較淡。還原燒成時，在白化妝土可以觀察到猩紅色，氧化鐵的顏色深淺也容易呈現。

「氧化鎂無光釉」（SHINRYU）的施釉範例

穩定的無光白釉

簡單一句「無光白釉」，實際上種類非常多，有著各式各樣的調和方法以及不同的釉調。這種將氧化鎂作為結晶劑添加的無光白釉，燒成完成後的狀態相對的穩定，到了近現代，經常應用於量產品使用。其特徵是均勻乳濁，而且顏色不均較少（不過若是氧化鋁添加量較少的釉藥，容易形成顏色不均）。

這裡使用的是 SHINRYU 的氧化鎂無光釉，釉面呈現沒有光澤的狀態，相對強的消光感即為特徵。此外，燒成時的流動性較少，也可以說是較硬的釉藥。然而，若是施釉過厚的話，乾燥時會發生收縮，容易從素坯剝離下來，必須加以留意。

釉藥的調整

SHINRYU 的氧化鎂無光釉，原本就已經調整成恰到好處的濃度，可以直接使用。

※ 雙重施釉的話，會發生縮釉剝離，因此只進行了單層施釉的測試。

在「信樂水簸土」的施釉範例

【販售業者】丸二陶料
【製土法】水簸法
【粒子】80目

因為黏土的質地細緻，整體呈現平滑柔順的質感。受到燒成方式不同造成的變化較少，但氧化燒成時會稍微呈現淺黃色。

在「紫香樂黏土」的施釉範例

【販售業者】丸二陶料
【製土法】乾式法（敲碎法）
【粒子】40目

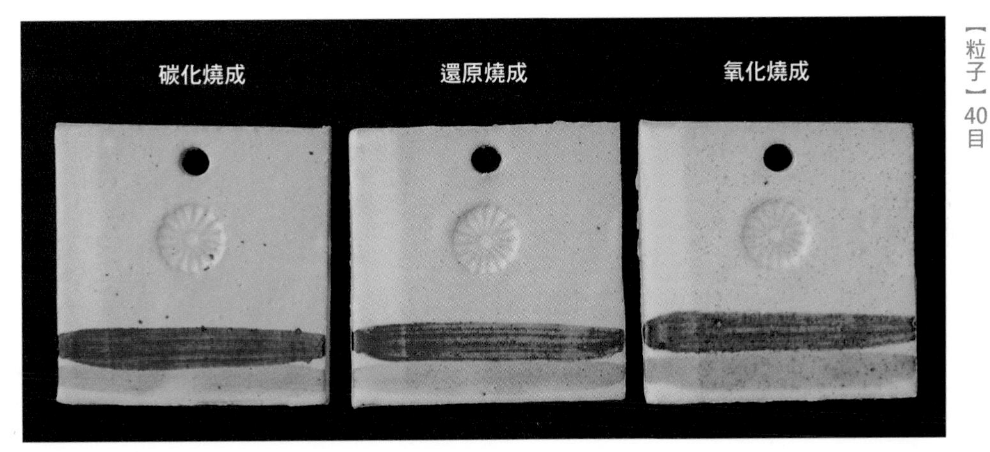

黏土中所含有的細微矽長石顆粒會形成細微的斑點。此外，因為素坯粗糙的關係，容易出現細小孔洞。

在「古信樂土（荒）」的施釉範例

【販售業者】丸二陶料
【製土法】乾式法（敲碎法）
【粒子】5釐米以下

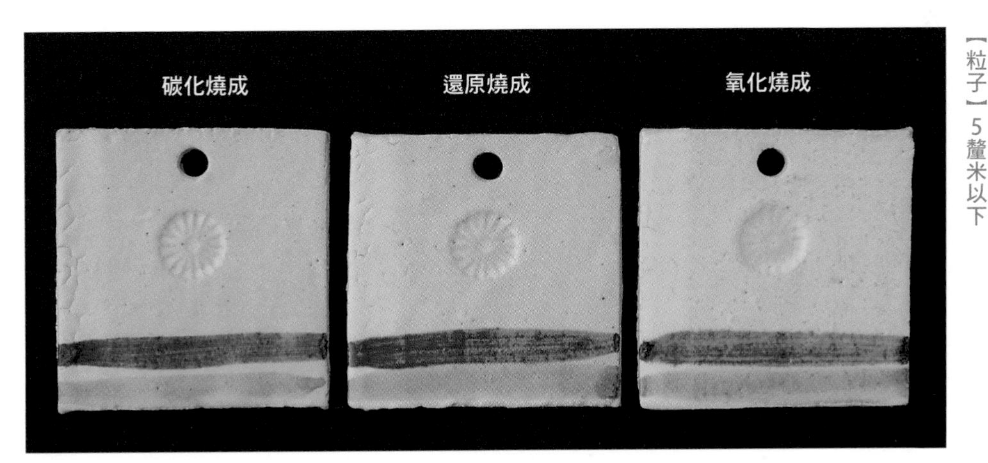

因為素坯粗糙的關係，容易形成細小孔洞。矽長石顆粒所造成的細微斑點也很多。白化妝土上釉的部分會出現收縮的狀態。

在「篠原土（水簸法）」的施釉範例

【販售業者】SHINRYU
【製土法】水簸法
【粒子】50目

碳化燒成　還原燒成　氧化燒成

整體呈現平滑柔順，釉調給人溫和的印象。氧化燒成時白濁較少，稍微呈現淺黃色。

在「古伊賀土」的施釉範例

【販售業者】YAMANI FIRST CERAMIC
【製土法】乾式法（敲碎法）
【粒子】20目

碳化燒成　還原燒成　氧化燒成

黏土中所含有的矽長石顆粒會形成細微的斑點。還原燒成與碳化燒成時，則會出現因鐵粉（含鐵礦物）所形成的大小黑色斑點。

在「五斗蒔土（白）」的施釉範例

【販售業者】SHINRYU
【製土法】水簸法
【粒子】30目

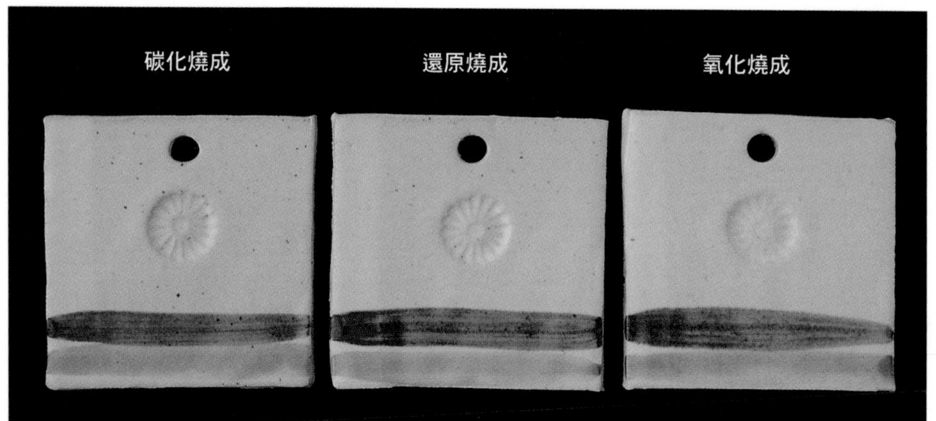

燒成完成後的狀態整體外觀呈現平滑柔順的釉調。還原燒成與碳化燒成時會出現因鐵粉（含鐵礦物）所形成的細微黑色斑點。

在「志野艾土（荒目）」的施釉範例

【販售業者】SHINRYU
【製土法】乾式法（敲碎法）
【粒子】30目

碳化燒成　還原燒成　氧化燒成

黏土中所含有的鐵粉（含鐵礦物） 會形成大量的細微黑色斑點。白化妝土上釉的部分會容易出現稍微收縮的狀況。

在「仁清土」的施釉範例

【販售業者】YAMANI FIRST CERAMIC
【製土法】濕式法
【粒子】100目

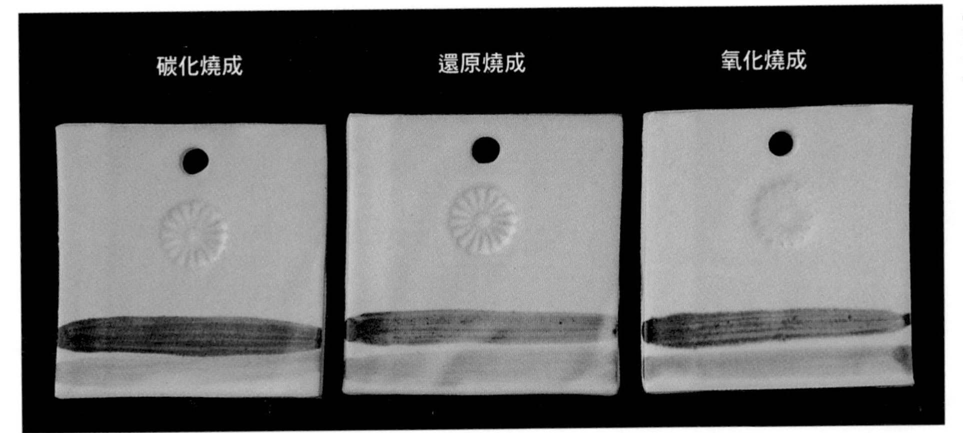

整體外觀呈現非常平滑柔順的釉調。氧化燒成時呈現淺黃色，還原燒成與碳化燒成時則稍微帶著青色感。

在「赤津貫入土」的施釉範例

【販售業者】SHINRYU
【製土法】濕式法
【粒子】100目

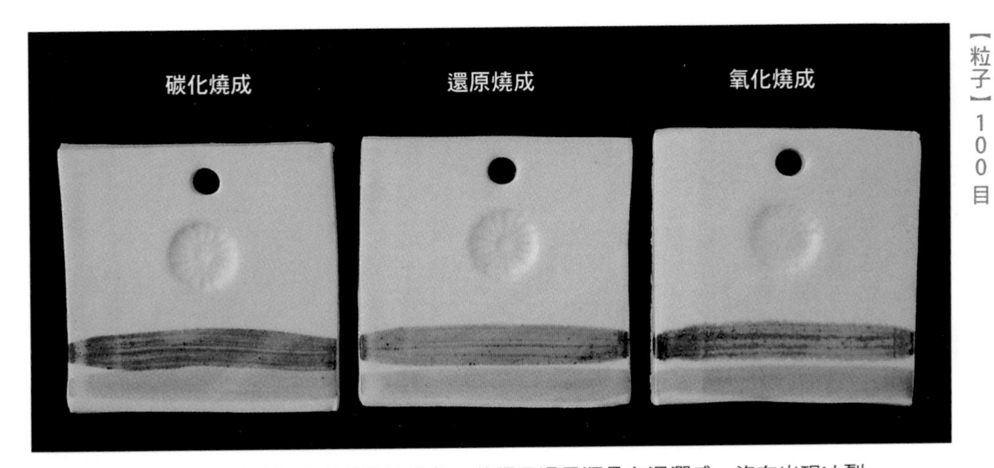

燒成收縮性較好，整體外觀呈現硬質的印象。釉調平滑柔順具有濕潤感，沒有出現冰裂。

在「白御影土荒目」的施釉範例

【販售業者】精土
【製土法】水簸法
【粒子】60目＋2.5釐米以下的混入物

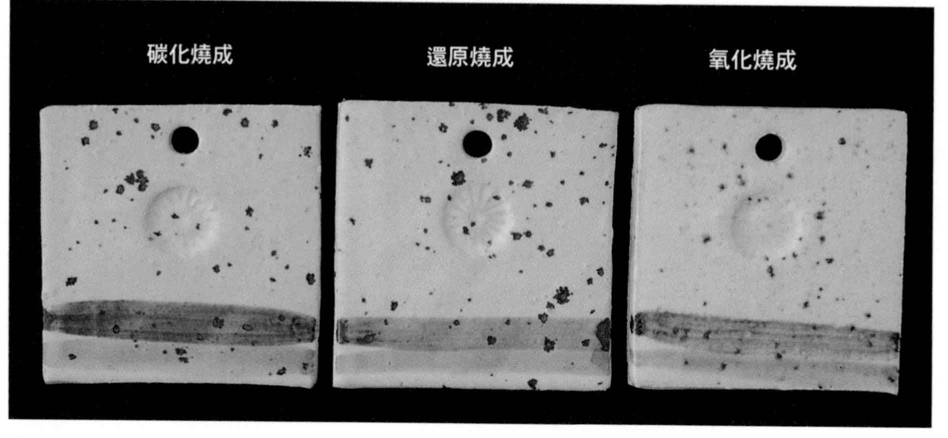

大量出現因矽長石顆粒形成的斑點，以及黑雲母形成的較大黑色斑點。黑色斑點會朝向周圍暈染、擴大。

在「赤土1號」的施釉範例

【販售業者】精土
【製土法】水簸法
【粒子】40目

因為是含鐵量較少的赤土，色調不會太深。雖然可以看到些微的黑色斑點，不過整體外觀呈現出平滑柔順的釉調。

在「赤土1號荒目」的施釉範例

【販售業者】精土
【製土法】水簸法
【粒子】40目・2釐米以下的混入物

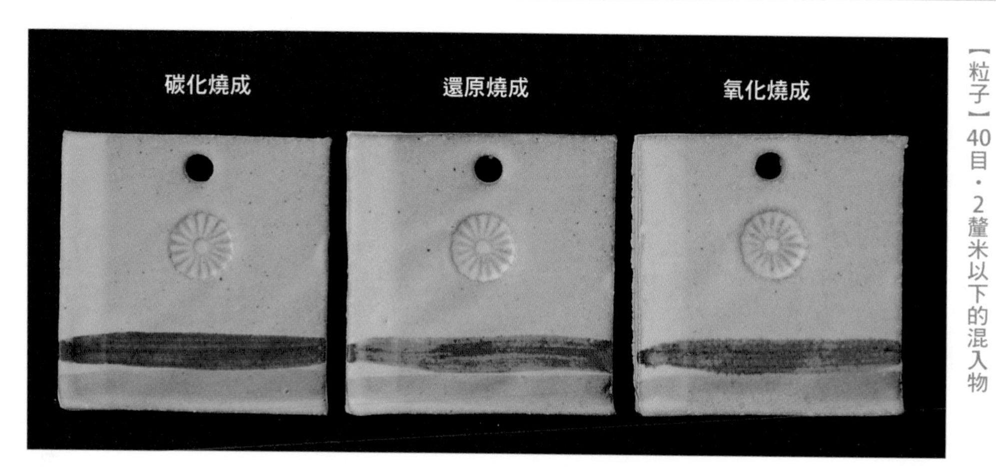

黏土的粗糙感呈現出恰到好處的顏色不均。混入土中的矽長石顆粒及黏土熟料所造成的影響相對較少。

在「赤土6號」的施釉範例

【販售業者】精土
【製土法】水簸法
【粒子】40目

碳化燒成 還原燒成 氧化燒成

因為含鐵量較多的關係，釉藥的些微顏色不均也會造成色調的變化。青花受到素坯含鐵量的影響，發色狀況不佳。

在「赤土6號荒目」的施釉範例

【販售業者】精土
【製土法】水簸法
【粒子】40目．2釐米以下的混入物

碳化燒成 還原燒成 氧化燒成

色調較深，黏土中的混入物矽長石顆粒及黏土熟料形成的白斑點相當顯眼。凹凸較多，表情變化豐富。

在「五斗蒔土（黃）」的施釉範例

【販售業者】SHINRYU
【製土法】水簸法
【粒子】30目

因為含鐵量較少的關係，相對形成較平均而且溫和的釉調。外觀會出現含鐵礦物所形成的細微黑色斑點。

在「越前黏土（荒目）」的施釉範例

【販售業者】YAMANI FIRST CERAMIC
【製土法】乾式法（敲碎法）
【粒子】10目

碳化燒成　還原燒成　氧化燒成

粗獷的土味呈現出豐富的表情。碳化燒成時黏土中所含有的黑雲母會形成隆起。

在「萩土」的施釉範例

【販售業者】YAMANI FIRST CERAMIC
【製土法】濕式法
【粒子】60目

碳化燒成　還原燒成　氧化燒成

萩土所擁有的獨特淺色調，直接呈現出溫和的氣氛。釉調平滑柔順，沒有觀察到冰裂。

在「唐津土」的施釉範例

【販售業者】YAMANI FIRST CERAMIC
【製土法】水簸法
【粒子】40目

受到質細而輕的土味影響，稍微呈現出斑紋狀。色調較淺，還原燒成與碳化燒成時，可以看到細微的黑色斑點。

在「黑泥」的施釉範例

【販售業者】YAMANI FIRST CERAMIC
【製土法】濕式法
【粒子】60目

碳化燒成　還原燒成　氧化燒成

獨特的黑色雖然顯得素雅，但因為素坯色調的影響，使釉藥的顏色深淺形成景色。極薄的部分帶有黑色感。青花幾乎看不見。

在「半瓷土（上）」的施釉範例

【販售業者】YAMANI FIRST CERAMIC
【製土法】濕式法
【粒子】100目

碳化燒成　還原燒成　氧化燒成

氧化燒成時，稍微結晶成斑紋狀，可以觀察到顏色不均。還原燒成與碳化燒成時，燒成完成後的狀態平滑柔順，表情幾乎是一致的。

在「天草白瓷土」的施釉範例

【販售業者】YAMANI FIRST CERAMIC
【製土法】水簸法
【粒子】120目

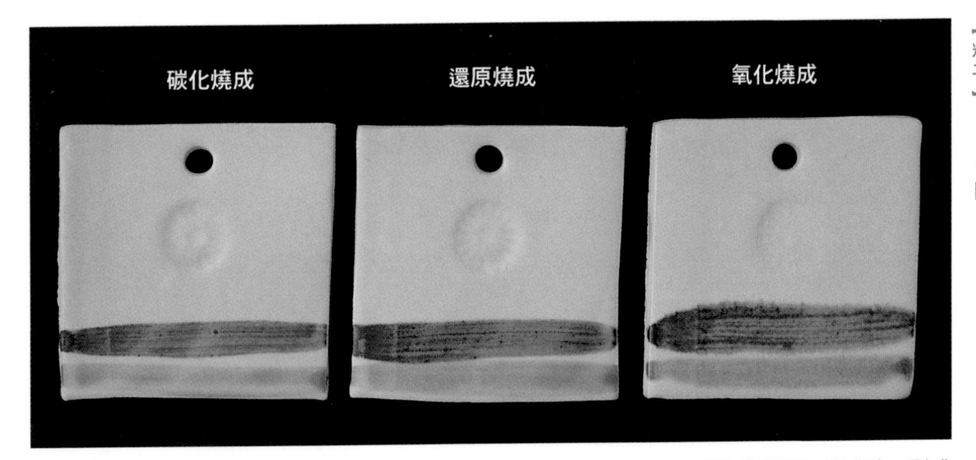

氧化燒成時，稍微結晶成斑紋狀。此外，氧化鐵也容易出現暈染。還原燒成與碳化燒成時，形成平均且硬質的氣氛。

「滑石無光釉」（丸二陶料）的施釉範例

硬質的白色調與消光感

一般所說的滑石這種釉藥原料的成分，是主要「鎂」和「矽酸」。鎂是用來幫助熔化的鹼類，同時也是強力的結晶系白濁劑。此外，矽酸則是如同玻璃的材料一般的成分。將滑石以10～20％的比例添加進基礎釉，製作出來無光白釉的特徵，即為消光狀態的釉面以及硬質的白色調。因為滑石的分子之間含有較多的結晶水，是一種容易發生收縮的原料。為了避免發生收縮，會加入先用900℃以上燒成過的「煅燒滑石」調合來進行調整。

然而，儘管如此仍會因為滑石無光釉的種類不同，發生與黏土之間的搭配性而形成的收縮狀態。以燒成結果來看，氧化燒成時雖然畫上弁柄（氧化鐵）的部分會發生隕石坑形狀的釉中氣泡，但一般來說這是因為含鐵量的影響，造成容易產生氣體的狀況所致。

釉藥的調整

丸二陶料的滑石無光釉，原本就已經調整成恰到好處的濃度，可以直接使用。

在「信樂水簸土」的施釉範例

【販售業者】丸二陶料
【製土法】水簸法
【粒子】80目

碳化燒成　還原燒成　氧化燒成

與黏土的搭配性好，任何一種燒成方法都可以熔化得很漂亮，與周圍調合。消光感強，青花的發色受到壓抑。

在「紫香樂黏土」的施釉範例

【販售業者】丸二陶料
【製土法】乾式法（敲碎法）
【粒子】40目

雙重施釉的部分可以觀察到稍微缺釉，整體外觀呈現漂亮的熔化狀態。單層施釉的部分甚至可以感受到黏土的粗糙感。

在「古信樂土（荒）」的施釉範例

【販售業者】丸二陶料
【製土法】乾式法（敲碎法）
【粒子】5釐米以下

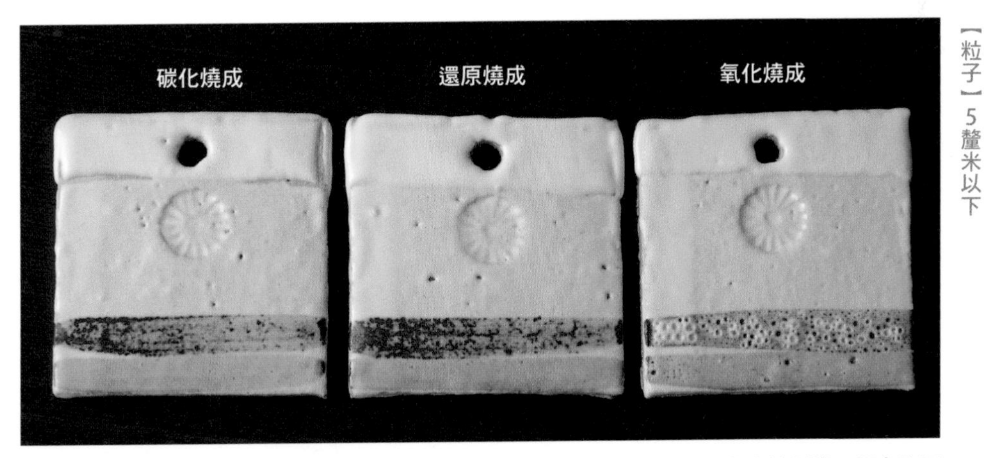

還原燒成與碳化燒成時，雙重施釉的部分可以觀察到稍微缺釉。受到粗糙黏土的影響，細小孔洞較多，從外觀也可以一眼看出黏土的凹凸狀態。

在「篠原土（水簸法）」的施釉範例

【販售業者】SHINRYU
【製土法】水簸法
【粒子】50目

整體釉調外觀如實呈現黏土質地的平滑柔順。還原燒成與碳化燒成時，雙重施釉的部分可以觀察到稍微缺釉。

在「古伊賀土」的施釉範例

【販售業者】YAMANI FIRST CERAMIC
【製土法】乾式法（敲碎法）
【粒子】20目

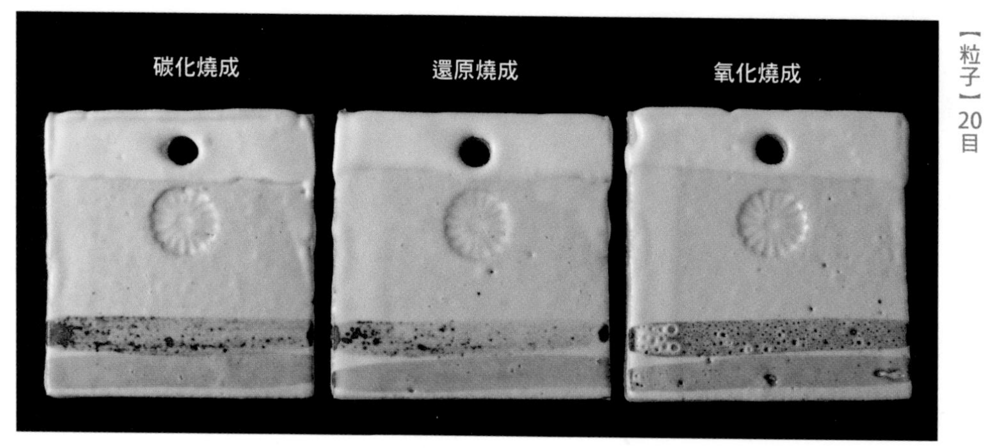

雖然素坯的粗糙感會造成細小孔洞以及外觀的凹凸，但幾乎沒有缺釉。可以說整體呈現搭配性不錯的組合。

在「五斗蒔土（白）」的施釉範例

【販售業者】SHINRYU
【製土法】水簸法
【粒子】30目

以任何一種燒成方法燒成完成後的狀態都良好。沒有缺釉及細小孔洞，非常漂亮地與周圍調合，色調也呈現出鮮明的白色。

在「志野艾土（荒目）」的施釉範例

【販售業者】SHINRYU
【製土法】乾式法（敲碎法）
【粒子】30目

與五斗蒔土（白）相同，以任何一種燒成方法燒成完成後的狀態都非常漂亮。還原燒成與碳化燒成時，可以看到含鐵礦物所造成的黑色斑點。

在「仁清土」的施釉範例

【販售業者】YAMANI FIRST CERAMIC
【製土法】濕式法
【粒子】100目

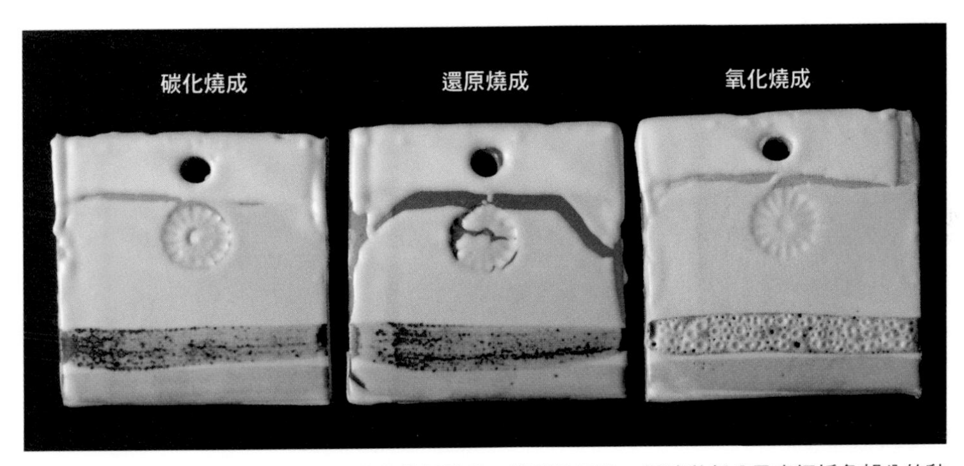

雖然不清楚是什麼原因造成，但缺釉的狀況嚴重，搭配性不佳。厚塗釉部分及素坯折角部分的釉藥容易捲起。

在「赤津貫入土」的施釉範例

【販售業者】SHINRYU
【製土法】濕式法
【粒子】100目

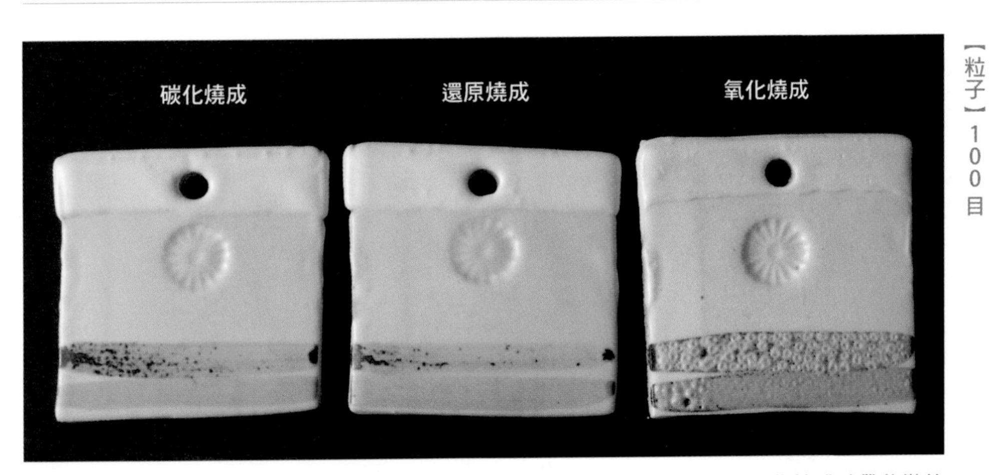

素坯的平滑柔順如實保留下來，以任何一種燒成方法都能燒出漂亮的釉調。氧化燒成時帶些微的黃色感，還原燒成與碳化燒成時，白色感較強。

在「白御影土荒目」的施釉範例

【販售業者】精土
【製土法】水簸法
【粒子】60目＋2.5釐米以下的混入物

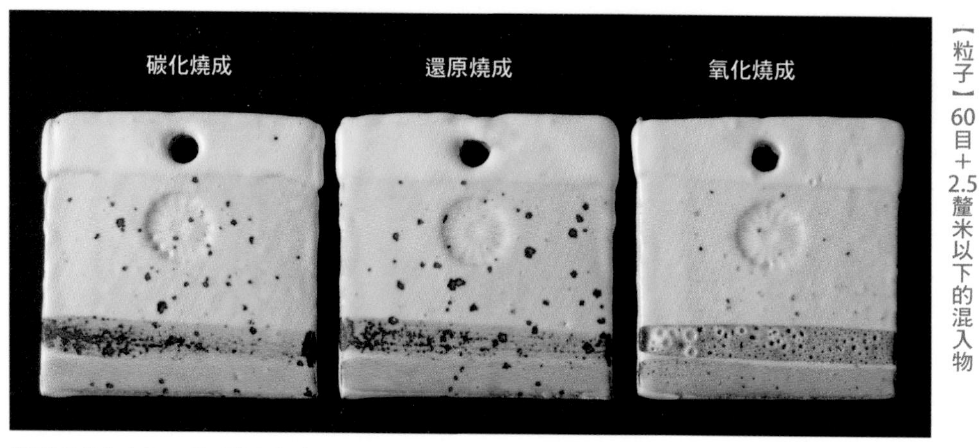

與周圍調合良好，幾乎沒有觀察到缺釉。大量出現由矽長石顆粒及黑雲母所造成的較大的黑色斑點。

在「赤土1號」的施釉範例

【販售業者】精土
【製土法】水簸法
【粒子】40目

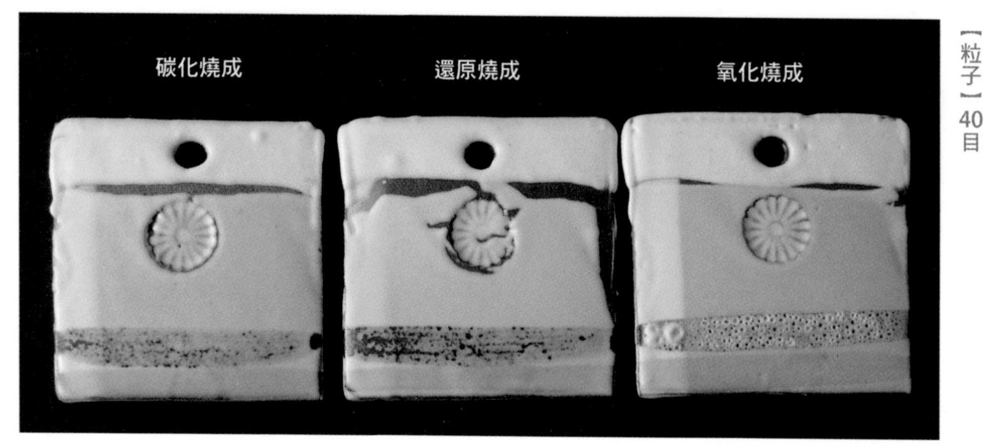

搭配性不太好，釉藥會由堆積較厚的部分發生縮釉。可以觀察到相較於氧化燒成，還原燒成的缺釉狀況更加顯著。

在「赤土1號荒目」的施釉範例

【販售業者】精土
【製土法】水簸法
【粒子】40目・2釐米以下的混入物

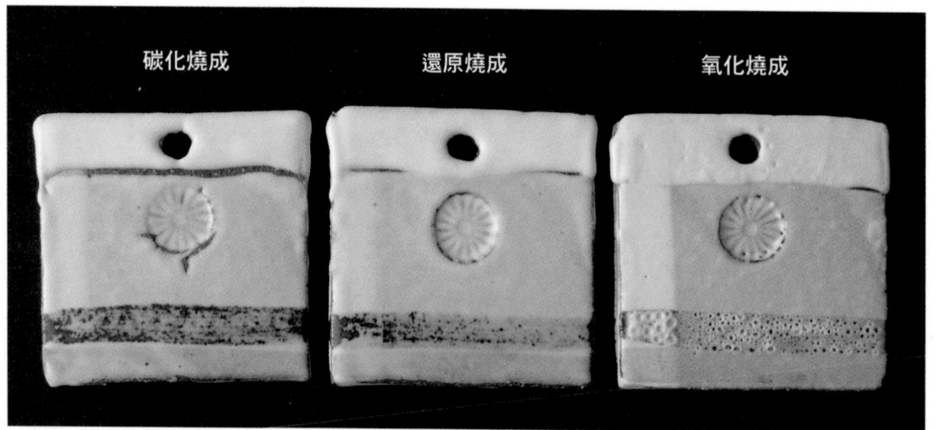

還原燒成與碳化燒成時，厚塗釉部分及釉藥堆積較厚的部分有發生些微的缺釉，不過整體外觀呈現出與周圍調合的狀態。

在「赤土6號」的施釉範例

【販售業者】精土
【製土法】水簸法
【粒子】40目

碳化燒成　還原燒成　氧化燒成

搭配性最糟糕的組合。可能是受到黏土中大量的含鐵量影響，不管釉藥濃度如何調整，都可以觀察到整體外觀呈現嚴重的缺釉狀態。

在「赤土6號荒目」的施釉範例

【販售業者】精土
【製土法】水簸法
【粒子】40目・2釐米以下的混入物

可能是因為與赤土 6 號相同的含鐵量，同樣出現了嚴重的缺釉。氧化燒成時，甚至整體都會發生釉中氣泡（註：參考第 17 頁）。

在「五斗蒔土（黃）」的施釉範例

【販售業者】SHINRYU
【製土法】水簸法
【粒子】30目

碳化燒成　還原燒成　氧化燒成

還原燒成與碳化燒成時，可以看到些微的缺釉，但整體外觀呈現出來的搭配性還算不錯。因為黏土的含鐵量不多的關係，燒成完成後相對比較偏白。

在「越前黏土（荒目）」的施釉範例

【販售業者】YAMANI FIRST CERAMIC
【製土法】乾式法（敲碎法）
【粒子】10目

碳化燒成　還原燒成　氧化燒成

以任何一種燒成方法都可以觀察到整體外觀呈現嚴重的缺釉。推測是與赤土 6 號相同，受到黏土中含有的大量鐵分影響所致。

在「萩土」的施釉範例

【販售業者】YAMANI FIRST CERAMIC
【製土法】濕式法
【粒子】60目

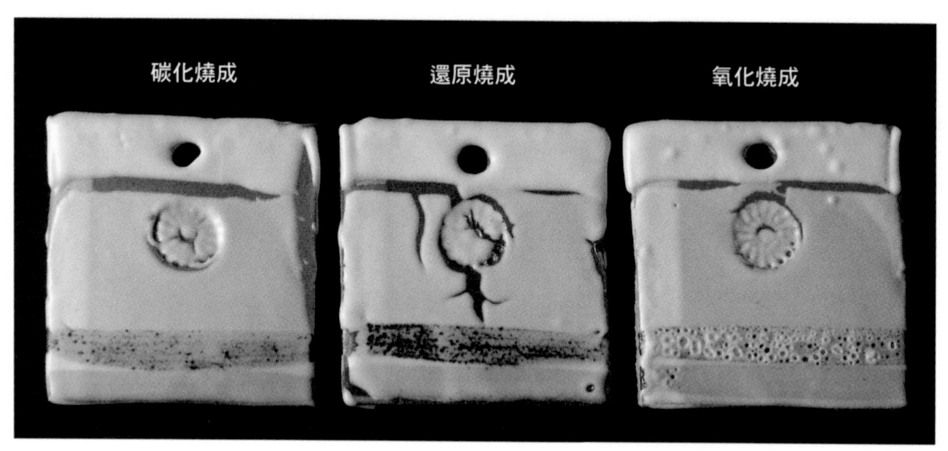

搭配性不佳，推測可能是因為收縮的時機不一致造成缺釉現象。雙重施釉部分甚至會發生釉中氣泡。

在「唐津土」的施釉範例

【販售業者】YAMANI FIRST CERAMIC
【製土法】水篩法
【粒子】40目

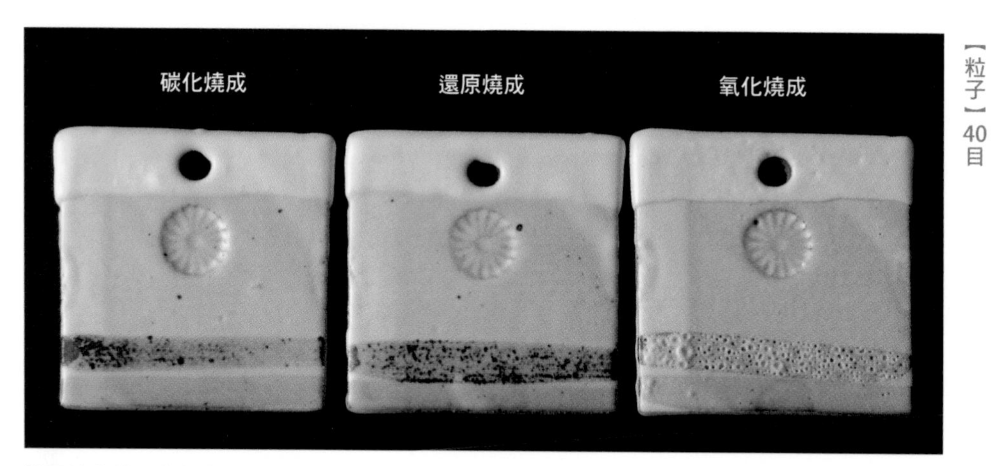

搭配性非常好的組合，既沒有發生缺釉，與周圍也調合得很漂亮。還原燒成與碳化燒成時，可以觀察到含鐵礦物所造成的黑色斑點。

在「黑泥」的施釉範例

【販售業者】YAMANI FIRST CERAMIC
【製土法】濕式法
【粒子】60目

碳化燒成　還原燒成　氧化燒成

厚塗釉的部分雖然發生了缺釉，但整體外觀呈現的搭配性還算不錯。隱隱透出的灰色素坯質地相當具有特色。

在「半瓷土（上）」的施釉範例

【販售業者】YAMANI FIRST CERAMIC
【製土法】濕式法
【粒子】100目

碳化燒成　還原燒成　氧化燒成

搭配性非常好，整體外觀呈現硬質的印象。釉調為具有濕潤感的消光感。氧化燒成時呈現出些微的淺黃色，還原燒成與碳化燒成時則帶有較強的青色感。

在「天草白瓷土」的施釉範例

【販售業者】YAMANI FIRST CERAMIC
【製土法】水簸法
【粒子】120目

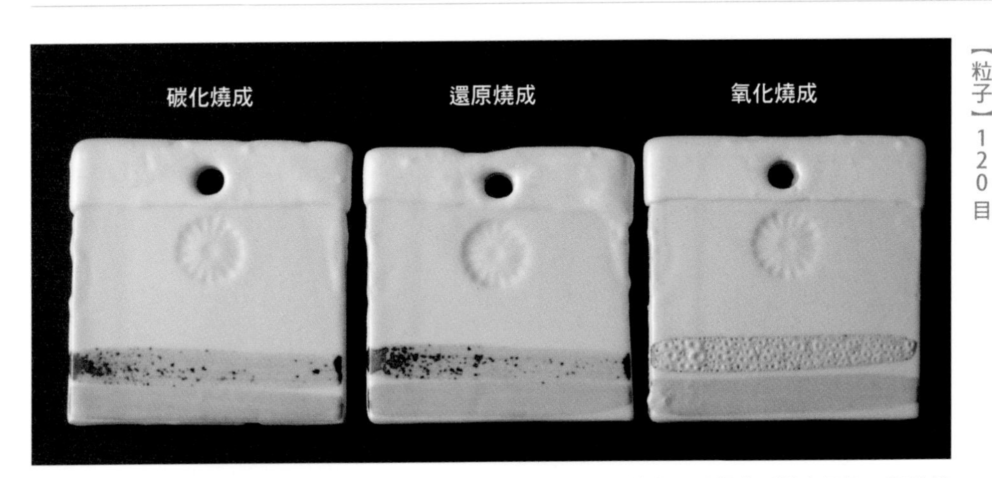

與半瓷土相同，整體外觀呈現的搭配性不錯。雙重施釉的部分稍微可以觀察到釉中氣泡，因此燒成與練土的時間需要再延長一些。

「無光白釉」（丸二陶料）的施釉範例

燒成適應性寬廣的穩定白釉

丸二陶料的無光白釉，是添加「鋯石（矽酸鋯）」作為乳濁劑的無光釉。鋯石是非常強力的乳濁劑，很難與其他原料形成反應，燒成後在釉藥中也會出現微細的白色粒子狀殘留，只要使用10％以下的少量添加，就能得到效果。此外，不容易受到燒成溫度左右也是其特徵之一，燒成完成後的狀態相對穩定。

可是另一方面，鋯石較少出現顏色不均的釉調，也帶來如同油漆一般的單調印象，因此將之與助熔劑（註：參考第175頁）和結晶劑的組合運用，可以使釉調顯得更有深度。還有因為粘性較少的關係，容易出現缺釉及細小孔洞。

再者，還有一種稱為「氧化錫」的原料，可以達到與鋯石相同的功能，不過因為乳濁作用和穩定感較差的關係，這種類型的白釉，會以添加鋯石系原料為主流。

釉藥的調整

因為丸二陶料的無光白釉稍微較濃的關係，在1L的釉藥添加約150cc的水進行調整。

在「信樂水簸土」的施釉範例

【販售業者】丸二陶料
【製土法】水簸法
【粒子】80目

整體外觀呈現平滑柔順，白色相當顯眼，但因為燒成方法的不同，會有些微的色調變化。釉下彩的青花在氧化燒成的發色最好。

在「紫香樂黏土」的施釉範例

【販售業者】丸二陶料
【製土法】乾式法（敲碎法）
【粒子】40目

單層施釉的部分可以些微地感受到素坯的粗糙感，同時可以看到黑點等因為黏土中所含有礦物質造成的變化。雙重施釉的部分則不太能感受到素坯的氣氛。

在「古信樂土（荒）」的施釉範例

【販售業者】丸二陶料
【製土法】乾式法（敲碎法）
【粒子】5釐米以下

單層施釉的部分即使顏色偏白，仍能清楚感受到黏土的粗糙感，以及土中含有礦物質造成的土味。白化妝土的部分可以看到如同「梅花皮（註：參考第 175 頁）」般的裂紋。

在「篠原土（水簸法）」的施釉範例

【販售業者】SHINRYU
【製土法】水簸法
【粒子】50目

碳化燒成　還原燒成　氧化燒成

燒成完成後的整體外觀都呈現幾乎均勻的白色調，質感平滑柔順，也幾乎沒有觀察到凹凸所造成的色調變化。

在「古伊賀土」的施釉範例

【販售業者】YAMANI FIRST CERAMIC
【製土法】乾式法（敲碎法）
【粒子】20目

單層施釉的部分呈現出素坯的粗糙感。特別是有許多細微的細小孔洞，還原燒成時，釉藥較薄的部分還可以看得到猩紅色（註：參考第 175 頁）。

在「五斗蒔土（白）」的施釉範例

【販售業者】SHINRYU
【製土法】水簸法
【粒子】30目

以任何一種燒成方法燒成完成後，幾乎都呈現均勻的白色調。還原燒成與碳化燒成時，會出現由鐵粉（黑雲母）所造成的細微黑色斑點。

在「志野艾土（荒目）」的施釉範例

【販售業者】SHINRYU
【製土法】乾式法（敲碎法）
【粒子】30目

以任何一種燒成方法都會呈現幾乎相同的白色調，但釉下彩的氧化鐵發色在氧化燒成時呈現黃色系，還原燒成時呈現茶紅色系，碳化燒成時則呈現黑色。

在「仁清土」的施釉範例

【販售業者】YAMANI FIRST CERAMIC
【製土法】濕式法
【粒子】100目

燒成完成後的整體外觀呈現平滑柔順，稍微帶有硬質的質感，與氧化燒成相較之下，還原燒成與碳化燒成的色彩鮮艷度較低。

在「赤津貫入土」的施釉範例

【販售業者】SHINRYU
【製土法】濕式法
【粒子】100目

以任何一種燒成方法燒成完成後都可以得到穩定的白色調以及硬質的質感，雖然幾乎都是相同的白色，但還原燒成與碳化燒成時會帶有些微的青色感。

在「白御影土荒目」的施釉範例

【販售業者】精土
【製土法】水簸法
【粒子】60目＋2.5釐米以下的混入物

燒成完成後，整體外觀雖然呈現均勻的白色調，但因為素坯的矽長石顆粒及黑雲母等混入物多的關係，會出現大量的較大黑色斑點。

在「赤土1號」的施釉範例

【販售業者】精土
【製土法】水簸法
【粒子】40目

氧化燒成與碳化燒成時，燒成完成後雖然相對的偏白色，但還原燒成時受到素坯的含鐵量影響，會因為釉藥顏色深淺而呈現淺茶色～茶色的變化。

在「赤土1號荒目」的施釉範例

【販售業者】精土
【製土法】水簸法
【粒子】40目・2釐米以下的混入物

單層施釉的部分，即使從釉藥之上都能感覺到素坯的粗糙感。特別還原燒成時，與含鐵量所造成的色調變化相乘後，表情更加豐富。

在「赤土6號」的施釉範例

【販售業者】精土
【製土法】水簸法
【粒子】40目

因為素坯的含鐵量較多的關係，燒成完成後的外觀在氧化燒成時呈現淺黃色，還原燒成時呈現茶色系，碳化燒成時則呈現深灰色。　※還原燒成的釉中氣泡，是燒成時的窯爐內氣氛所偶然引起的現象。

在「赤土6號荒目」的施釉範例

【販售業者】精土
【製土法】水簸法
【粒子】40目・2釐米以下的混入物

即使在釉藥之上也可以清楚看到素坯含有的矽長石顆粒等粒子以及凹凸。此外，與較多的含鐵量相乘之後，整體外觀呈現出粗獷的氣氛。

在「五斗蒔土（黃）」的施釉範例

【販售業者】SHINRYU
【製土法】水簸法
【粒子】30目

整體外觀呈現溫和色調，但因為燒成方法不同，含鐵量的呈現方式，以及色調會有所差異。還原燒成與碳化燒成時，會出現細微的黑色斑點。

在「越前黏土（荒目）」的施釉範例

【販售業者】YAMANI FIRST CERAMIC
【製土法】乾式法（敲碎法）
【粒子】10目

碳化燒成　還原燒成　氧化燒成

將粗獷且質粗而雜的土味如實保留下來，燒成完成後整體外觀呈現的狀態表情豐富。特別是還原燒成時釉藥濃淡造成的色調變化較大。

在「萩土」的施釉範例

【販售業者】YAMANI FIRST CERAMIC
【製土法】濕式法
【粒子】60目

碳化燒成　還原燒成　氧化燒成

因為素坯的含鐵量較少的關係，任何一種燒成方法燒成完成後的狀態都會偏白色，呈現出淺色調。還原燒成時，釉藥較薄的部分會變化為淺茶色。

在「唐津土」的施釉範例

【販售業者】YAMANI FIRST CERAMIC
【製土法】水簸法
【粒子】40目

碳化燒成　還原燒成　氧化燒成

與萩土相同，因為素坯的含鐵量少，雖然整體外觀呈現出淺色調，但燒成完成後幾乎都會偏白色調。還原燒成與碳化燒成時，會出現小顆粒的黑色斑點。

在「黑泥」的施釉範例

【販售業者】YAMANI FIRST CERAMIC
【製土法】濕式法
【粒子】60目

氧化燒成時，因為受到素坯含有的金屬顏料影響，會稍微帶有青色感。還原燒成時，會變化成茶色系。碳化燒成時，則變化為灰色。

在「半瓷土（上）」的施釉範例

【販售業者】YAMANI FIRST CERAMIC
【製土法】濕式法
【粒子】100目

不管以任何一種燒成方法燒成完成後幾乎都呈現全白的狀態，但氧化燒成時會帶有些微的黃色感，還原燒成時則帶有青色感。幾乎不會有顏色深淺所造成的變化。

在「天草白瓷土」的施釉範例

【販售業者】YAMANI FIRST CERAMIC
【製土法】水簸法
【粒子】120目

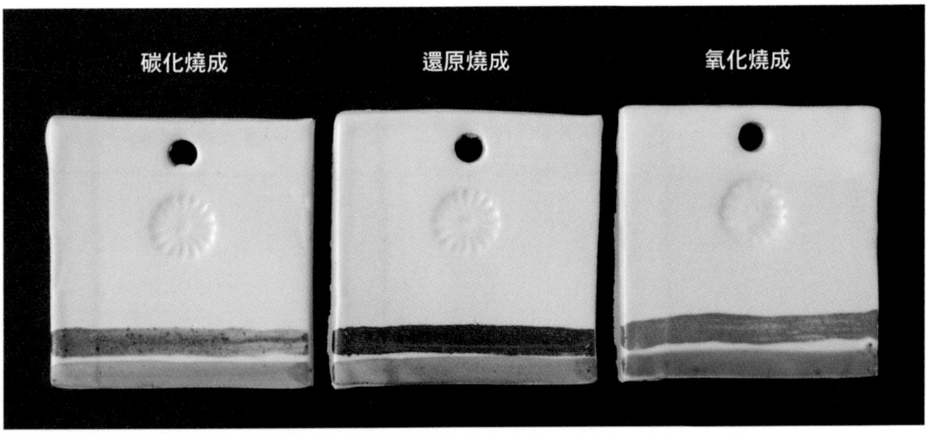

與半瓷土相同，以任何一種燒成方法燒成完成後幾乎都呈現全白的狀態。釉調也給人均勻且硬質的印象，氧化鐵與青花的發色會因燒成方法而有很大的差異。

「鈦結晶釉」（丸二陶料）的施釉範例

如珍珠般閃耀的結晶系無光釉

鈦結晶釉是添加「鈦（二氧化鈦）」作為結晶劑的無光釉。鈦具有強力的結晶作用，10％以下的少量添加即有效果。

作為結晶材，另外還有同為鈦系的金紅石，以及鎂系的氧化鎂和滑石等，不過添加鈦的結晶釉之特徵，是會出現斑紋狀如珍珠般的結晶。白濁的結晶形成不規則的反射光，發出如珍珠般的耀眼光芒。

根據釉藥的濃度和燒成溫度、燒成方法形成的釉調變化也是特徵。釉藥愈厚，結晶層也變得愈厚，而且愈白（根據素坯的不同也有例外）。此外，燒成溫度愈低，消光感愈強烈，溫度愈高，愈容易受到素坯含鐵量的影響，使得釉藥變得容易流動。也可以說這樣的不穩定性，能夠帶來釉調的變化。

釉藥的調整

因為丸二陶料的鈦結晶釉稍微較濃的關係，在 1L 的釉藥添加約 150cc 的水進行調整。

在「信樂水簸土」的施釉範例

【販售業者】丸二陶料
【製土法】水簸法
【粒子】80目

碳化燒成　還原燒成　氧化燒成

氧化燒成時呈現淺黃色，消光感較強。還原燒成與碳化燒成時比較偏白色，可以看到很多珍珠狀的結晶。

在「紫香樂黏土」的施釉範例

【販售業者】丸二陶料
【製土法】乾式法（敲碎法）
【粒子】40目

碳化燒成　還原燒成　氧化燒成

氧化燒成時呈現淺黃色，消光感較強。還原燒成與碳化燒成時比較偏白色。氧化鐵較薄的部分會被釉藥吃進去，看不清楚。

在「古信樂土（荒）」的施釉範例

【販售業者】丸二陶料
【製土法】乾式法（敲碎法）
【粒子】5釐米以下

氧化燒成時呈現淺桃色。還原燒成與碳化燒成時則會偏白色，出現許多珍珠狀的結晶。即使透過釉藥仍可以清楚感受到素坯的粗糙感。

在「篠原土（水簸法）」的施釉範例

【販售業者】SHINRYU
【製土法】水簸法
【粒子】50目

碳化燒成　還原燒成　氧化燒成

氧化燒成時呈現淺桃色。還原燒成與碳化燒成時偏白，出現許多珍珠狀的結晶。素坯的質地細緻，因此整體外觀呈現平滑柔順。

在「古伊賀土」的施釉範例

【販售業者】YAMANI FIRST CERAMIC
【製土法】乾式法（敲碎法）
【粒子】20目

碳化燒成　還原燒成　氧化燒成

氧化燒成時呈現淺桃色。還原燒成與碳化燒成時偏白，出現許多珍珠狀的結晶。素坯含有的矽長石顆粒會出現在釉面。

在「五斗蒔土（白）」的施釉範例

【販售業者】SHINRYU
【製土法】水簸法
【粒子】30目

氧化燒成時呈現淺桃色。還原燒成與碳化燒成時會呈現些微的淺黃色。雙重施釉的部分，氣泡冒出的痕跡會留下如小型隕石坑的形狀。

在「志野艾土（荒目）」的施釉範例

【販售業者】SHINRYU
【製土法】乾式法（敲碎法）
【粒子】30目

碳化燒成　還原燒成　氧化燒成

包含氧化燒成在內，以任何一種燒成方法燒成完成後都會偏白色。白化妝土的部分不容易形成結晶，消光感較強。

在「仁清土」的施釉範例

【販售業者】YAMANI FIRST CERAMIC
【製土法】濕式法
【粒子】100目

整體外觀呈現平滑柔順的釉調，白化妝土的部分與素坯之間的色調差異較少。氧化燒成時呈現些微的淺桃色。

在「赤津貫入土」的施釉範例

【販售業者】SHINRYU
【製土法】濕式法
【粒子】100目

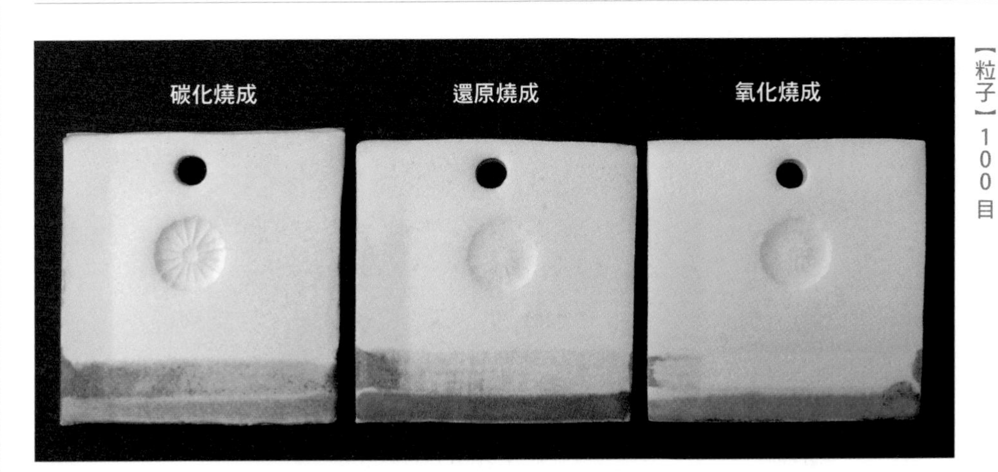

整體外觀呈現平滑柔順而且硬質的印象。氧化燒成時，釉藥較薄的部分呈現淺桃色。還原燒成與碳化燒成時，結晶會比較顯眼。

在「白御影土荒目」的施釉範例

【販售業者】精土
【製土法】水簸法
【粒子】60目＋2.5釐米以下的混入物

碳化燒成　還原燒成　氧化燒成

氧化燒成時，釉藥較薄的部分會呈現淺桃色。素坯中含有的黑雲母等物質會出現在釉面，暈染成較大的斑點。

在「赤土1號」的施釉範例

【販售業者】精土
【製土法】水簸法
【粒子】40目

任何一種燒成方法燒成完成後的狀態都會偏白色，不過氧化燒成時消光感較強，同時也比較不會出現珍珠狀的結晶。

在「赤土1號荒目」的施釉範例

【販售業者】精土
【製土法】水簸法
【粒子】40目・2釐米以下的混入物

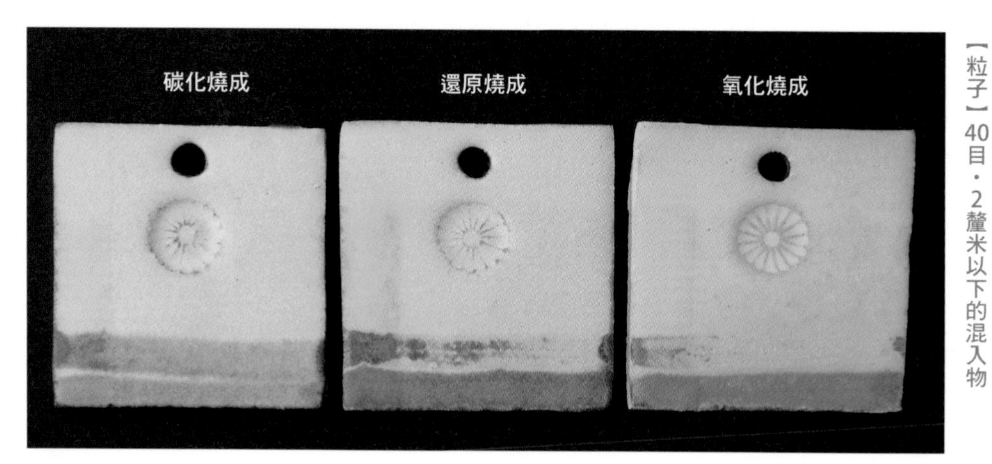

外觀相對平滑柔順，感覺不到素坯的粗糙感。含鐵量的影響較少，以任何一種燒成方法燒成完成後的狀態都會偏白色。

在「赤土6號」的施釉範例

【販售業者】精土
【製土法】水簸法
【粒子】40目

碳化燒成　還原燒成　氧化燒成

氧化燒成時，向上冒出的氣泡痕跡會乾燥成小型的隕石坑形狀。還原燒成與碳化燒成時，因釉藥的濃度不同，呈現出來的色調也會有很大的差異。

在「赤土6號荒目」的施釉範例

【販售業者】精土
【製土法】水簸法
【粒子】40目・2釐米以下的混入物

碳化燒成　還原燒成　氧化燒成

氧化燒成時，外表在乾燥時會形成斑紋狀模樣。在單層施釉的部分，素坯所含有的矽長石顆粒清楚可見。

在「五斗蒔土（黃）」的施釉範例

【販售業者】SHINRYU
【製土法】水簸法
【粒子】30目

因為素坯的含鐵量較少的關係，以任何一種燒成方法燒成完成後的狀態都會偏白色。此外，外觀會出現小黑顆粒。

在「越前黏土（荒目）」的施釉範例

【販售業者】YAMANI FIRST CERAMIC
【製土法】乾式法（敲碎法）
【粒子】10目

碳化燒成　還原燒成　氧化燒成

素坯的粗糙感會形成凹凸出現在表面，使整體外觀呈現出來的表情豐富。氧化燒成時雖然有略帶茶色的部分，但因受到含鐵量的影響不大，燒成完成後偏白色。

在「萩土」的施釉範例

【販售業者】YAMANI FIRST CERAMIC
【製土法】濕式法
【粒子】60目

氧化燒成時雖然會略帶淺黃色，不過燒成完成後整體外觀呈現白色。釉調平滑柔順，還原燒成與碳化燒成時，結晶的斑點明顯。

在「唐津土」的施釉範例

【販售業者】YAMANI FIRST CERAMIC
【製土法】水簸法
【粒子】40目

不怎麼受到素坯的含鐵量影響，任何一種燒成方法燒成完成後都會偏白色。雖然幾乎感受不到唐津土的特徵，但燒成完成後的狀態呈現平滑柔順的狀態。

在「黑泥」的施釉範例

【販售業者】YAMANI FIRST CERAMIC
【製土法】濕式法
【粒子】60目

碳化燒成　還原燒成　氧化燒成

受到素坯所含有的金屬顏料影響，氧化燒成時會呈現淺茶紅色。還原燒成時會出現斑紋狀的黃土色。碳化燒成時則會略帶灰色。

在「半瓷土（上）」的施釉範例

【販售業者】YAMANI FIRST CERAMIC
【製土法】濕式法
【粒子】100目

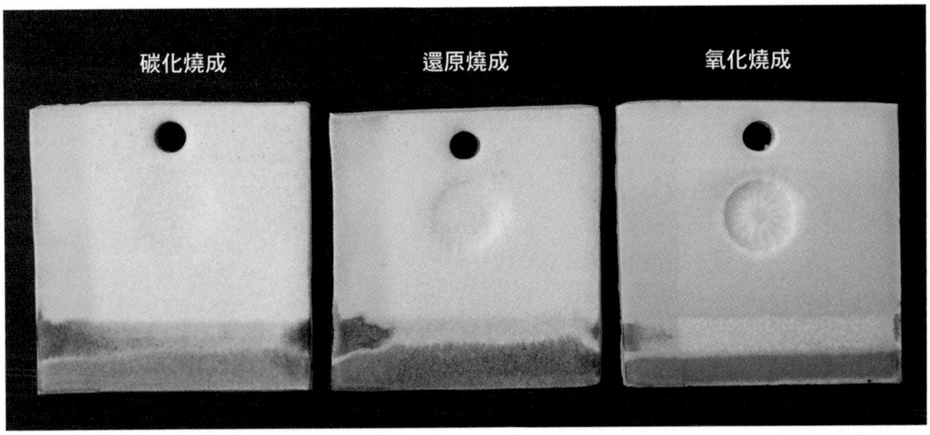

碳化燒成　還原燒成　氧化燒成

氧化燒成時呈現淺茶色。還原燒成與碳化燒成時，燒成完成後相對偏白色，但還原燒成時則稍微帶有青色感。整體外觀呈現硬質的釉調。

在「天草白瓷土」的施釉範例

【販售業者】YAMANI FIRST CERAMIC
【製土法】水簸法
【粒子】120目

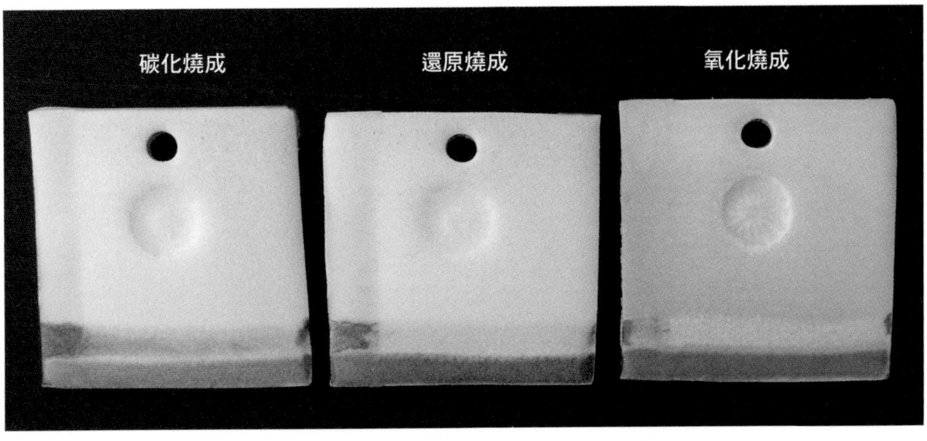

碳化燒成　還原燒成　氧化燒成

與半瓷土相同，氧化燒成時呈現淺茶色。還原燒成與碳化燒成燒成完成後會相對呈現偏白色。整體外觀呈現硬質的釉調，結晶並不明顯。

「白萩釉」的施釉範例（丸二陶料）

以白色禾目（稻穗）為特徵的傳統白釉

白萩釉，是所謂「藁白釉」的一種。藁白系的釉藥，是添加了「合成稻草灰」、「天然稻草灰」或是「稻穀灰」作為白濁劑的釉藥，這在稻作繁盛的日本，由於原料豐富易於取得，屬於各產地傳統使用的釉藥。在瀨戶稱之為「卯斑釉」，在唐津稱之為「斑唐津釉」，在益子則稱之為「糠白釉」。依據稻草灰和稻穀灰的添加量，助熔劑的差異，多少會得到不同特徵的結果。

稻草灰和稻穀灰中有大量的矽酸含量，而這個矽酸含量如果無法熔化完全，就會殘留細小的白色顆粒。並且顆粒會在釉中流動，形成白色的禾眼（細小條紋）形成外觀上的特徵。

使用天然稻草灰和稻穀灰時，根據原料的燒成方法和粒子大小，會形成不同的釉調。不過因為丸二陶料的白萩釉使用的是合成稻草灰，釉調較為穩定。

釉藥的調整

因為丸二陶料的白萩釉稍微較濃的關係，在 1L 的釉藥添加約 150cc 的水進行調整。

在「信樂水簸土」的施釉範例

【販售業者】丸二陶料
【製土法】水簸法
【粒子】80目

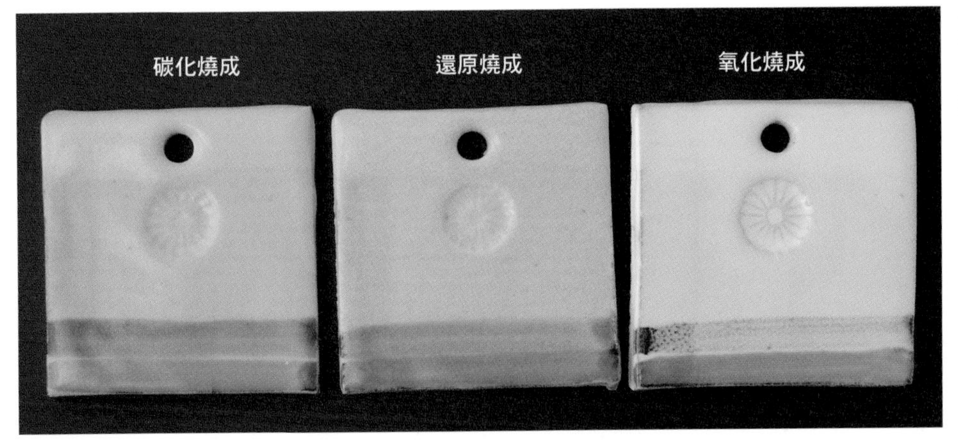

氧化燒成時，呈現出沉穩而且顏色不均狀態較少的白色。還原燒成時，呈現略帶淺黃色，而且結晶的粒子明顯。碳化燒成時，帶黃色感而且消光感也會增加。

在「紫香樂黏土」的施釉範例

【販售業者】丸二陶料
【製土法】乾式法（敲碎法）
【粒子】40目

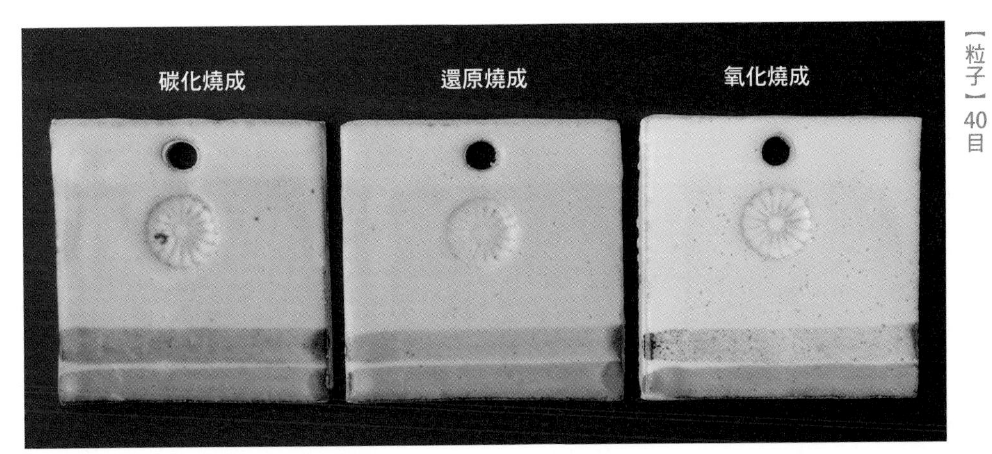

黏土中含有的矽長石顆粒會形成斑點。氧化燒成時，白色會被強調出來，還原燒成與碳化燒成時則帶黃色感。

在「古信樂土（荒）」的施釉範例

【販售業者】丸二陶料
【製土法】乾式法（敲碎法）
【粒子】5釐米以下

黏土中含有的矽長石顆粒會形成斑點。即使從釉藥之上也可以觀察到黏土的粗糙感，燒成所造成的色調變化，與其他信樂系的黏土相同。

在「篠原土（水簸法）」的施釉範例

【販售業者】SHINRYU
【製土法】水簸法
【粒子】50目

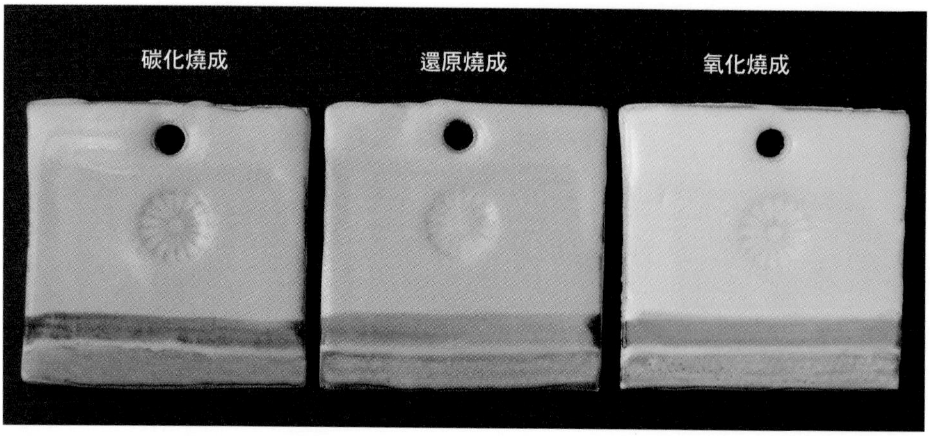

碳化燒成　還原燒成　氧化燒成

整體外觀呈現平滑柔順，給人穩重的印象。與氧化燒成相較之下，還原燒成與碳化燒成時稍微帶黃色感，不過差異僅在些微的程度。

在「古伊賀土」的施釉範例

【販售業者】YAMANI FIRST CERAMIC
【製土法】乾式法（敲碎法）
【粒子】20目

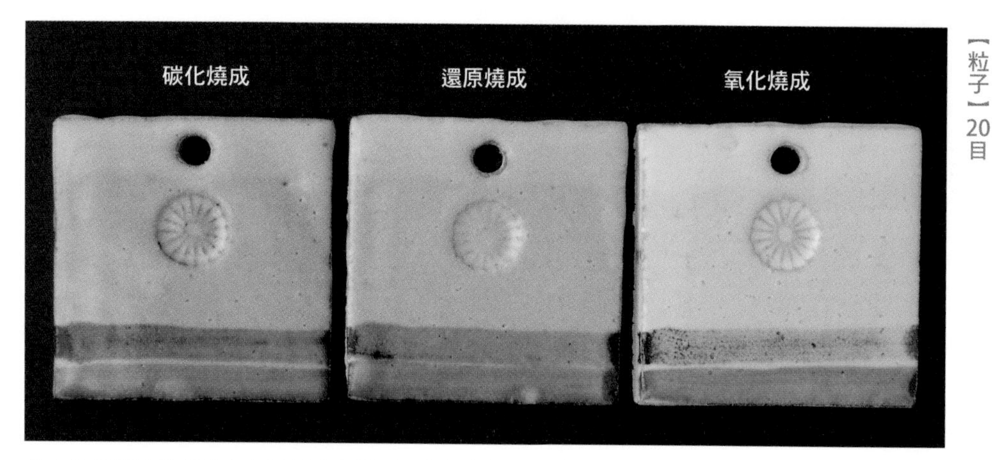

黏土的粗糙感從釉藥之上就能感受得到，雖然也能看到矽長石顆粒，但數量不多。依照還原燒成與碳化燒成的順序，所帶的黃色感會隨之增加。

在「五斗蒔土（白）」的施釉範例

【販售業者】SHINRYU
【製土法】水簸法
【粒子】30目

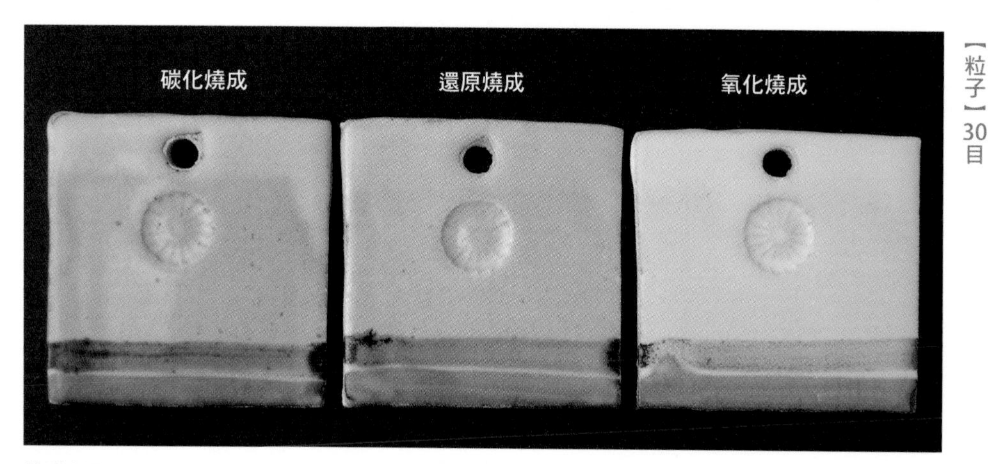

整體外觀呈現平滑柔順的質感。還原燒成與碳化燒成時，稍微可以看到小顆粒的黑色斑點，氧化燒成時的發色最偏向白色。

在「志野艾土（荒目）」的施釉範例

【販售業者】SHINRYU
【製土法】乾式法（敲碎法）
【粒子】30目

碳化燒成　還原燒成　氧化燒成

氧化燒成的色調最白，氧化鐵部分會出現成為斑狀的結晶。還原燒成時比較容易透過，看到底下的素坯。

在「仁清土」的施釉範例

【販售業者】YAMANI FIRST CERAMIC
【製土法】濕式法
【粒子】100目

碳化燒成　還原燒成　氧化燒成

氧化燒成時偏白，還原燒成時則稍微帶紅色感。碳化燒成時，顏色會較深，而且增加消光感，施釉較薄的部分容易燒焦。

在「赤津貫入土」的施釉範例

【販售業者】SHINRYU
【製土法】濕式法
【粒子】100目

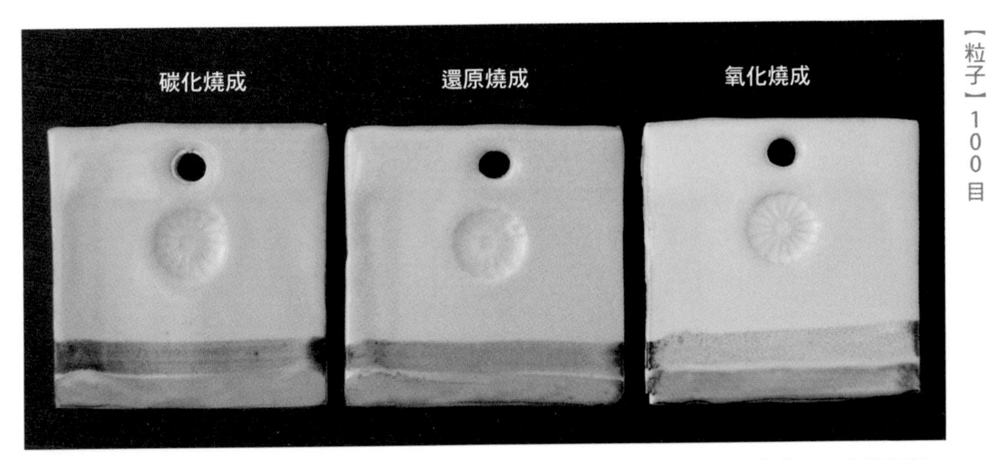

以任何燒成方法都會相對強調出白色，呈現出平滑柔順的氣氛。特別是氧化燒成時，會呈現出冰冷硬質氣氛的白色。

在「白御影土荒目」的施釉範例

【販售業者】精土
【製土法】水簸法
【粒子】60目＋2.5釐米以下的混入物

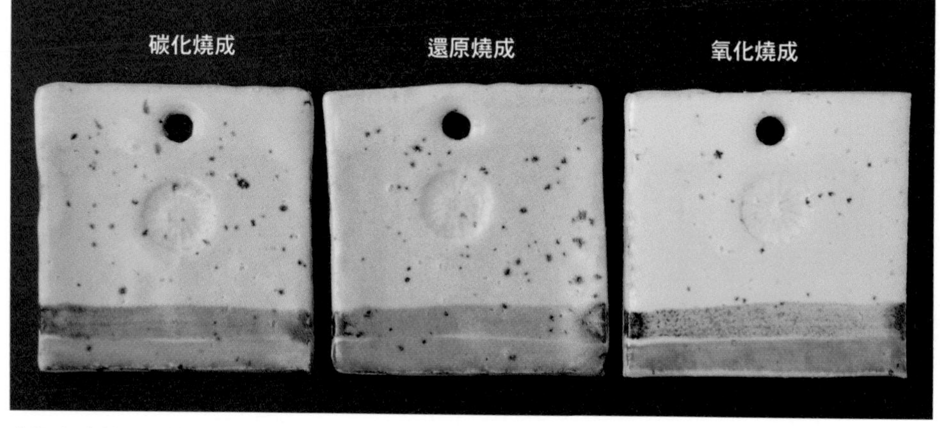

素坯中矽長石顆粒及黑雲母等混入物多，會出現大量較大的黑色斑點，任何一種燒成方法的色調都會相對偏白色。

在「赤土1號」的施釉範例

【販售業者】精土
【製土法】水簸法
【粒子】40目

因為含鐵量較少的關係，氧化燒成在燒成完成後的色調偏白，但在還原燒成與碳化燒成時，受到素坯的含鐵量影響，會變化成淺茶色。

在「赤土1號荒目」的施釉範例

【販售業者】精土
【製土法】水簸法
【粒子】40目・2釐米以下的混入物

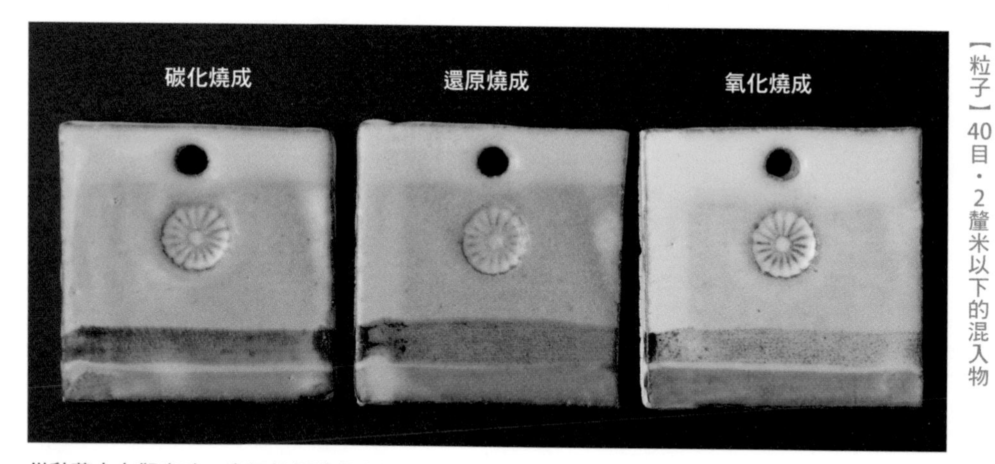

從釉藥之上觀察時，素坯的粗獷程度並不明顯。還原燒成與碳化燒成的單層施釉部分，受到素坯中含鐵量的影響，表情會變得較為豐富。

在「赤土6號」的施釉範例

【販售業者】精土
【製土法】水簸法
【粒子】40目

碳化燒成　還原燒成　氧化燒成

因為含鐵量較多的關係，氧化燒成時會偏黑色，還原燒成與碳化燒成時則會成為茶色系。然而，雙重施釉的部分因為鐵分受到遮擋的關係，會呈現白色。

在「赤土6號荒目」的施釉範例

【販售業者】精土
【製土法】水簸法
【粒子】40目・2釐米以下的混入物

整體外觀易於強調出黏土的粗糙感。氧化燒成時帶黑色感，強調出如同淺雪般的景色。雙重施釉的部分會呈現白色。

在「五斗蒔土（黃）」的施釉範例

【販售業者】SHINRYU
【製土法】水簸法
【粒子】30目

整體外觀呈現淺色調，給人沉穩的印象。氧化燒成時施釉較薄的部分呈現茶色系，其他部分則會偏白色。還原燒成與碳化燒成時，呈現茶色系。

在「越前黏土（荒目）」的施釉範例

【販售業者】YAMANI FIRST CERAMIC
【製土法】乾式法（敲碎法）
【粒子】10目

碳化燒成　還原燒成　氧化燒成

即使從釉藥上方也能看出粗獷荒目（粗顆粒）的土味，釉藥恰到好處的顏色不均形成豐富的表情，氧化燒成時釉藥較薄的部分會稍微帶黃色感。

在「萩土」的施釉範例

【販售業者】YAMANI FIRST CERAMIC
【製土法】濕式法
【粒子】60目

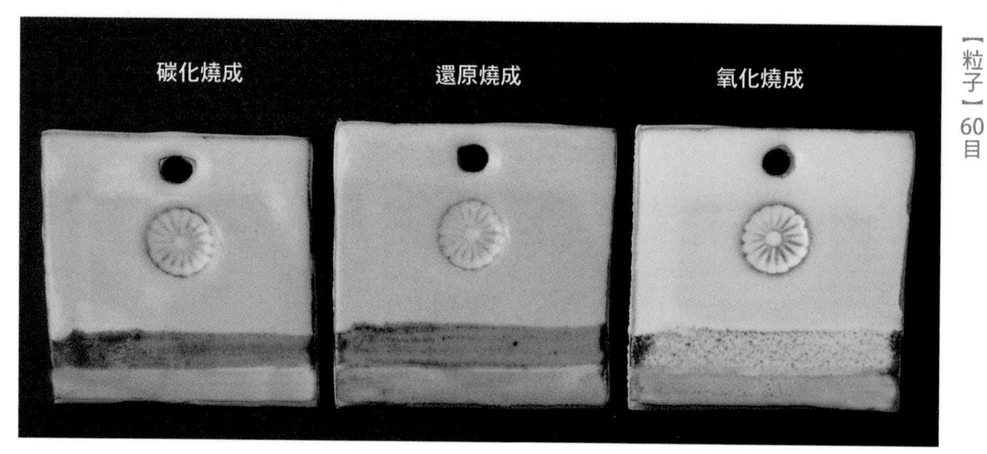

由於含鐵量相對較少的關係，燒成完成後的狀態整體外觀呈現白色。氧化燒成時釉藥較薄的部分會透出萩土所特有的橙色系素坯顏色，給人溫和的印象。

在「唐津土」的施釉範例

【販售業者】YAMANI FIRST CERAMIC
【製土法】水簸法
【粒子】40目

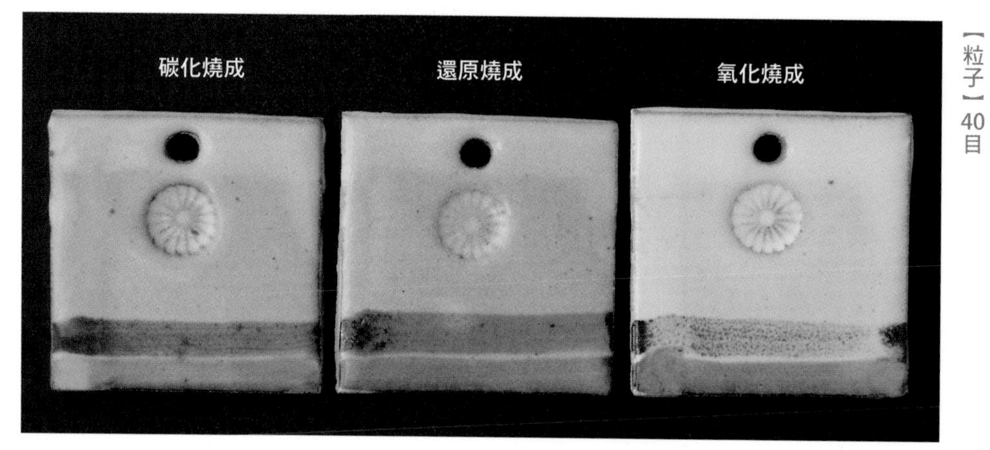

整體外觀呈現偏白色的淺色調。白化妝土的部分在任何燒成方法都看起來不明顯，與素坯之間的色調及質感差異不大。

在「黑泥」的施釉範例

【販售業者】YAMANI FIRST CERAMIC
【製土法】濕式法
【粒子】60目

氧化燒成在釉藥較薄的部分會稍微透出素坯的顏色，呈現略帶青色感的灰色。還原燒成與碳化燒成時紅色感會增加，雙重施釉的部分會變得偏白色。

在「半瓷土（上）」的施釉範例

【販售業者】YAMANI FIRST CERAMIC
【製土法】濕式法
【粒子】100目

整體外觀呈現平滑柔順的白色，特別是氧化燒成時接近純白色。燒成完成後的狀態，在還原燒成時稍微帶青色感，碳化燒成時則略帶淺茶色。

在「天草白瓷土」的施釉範例

【販售業者】YAMANI FIRST CERAMIC
【製土法】水簸法
【粒子】120目

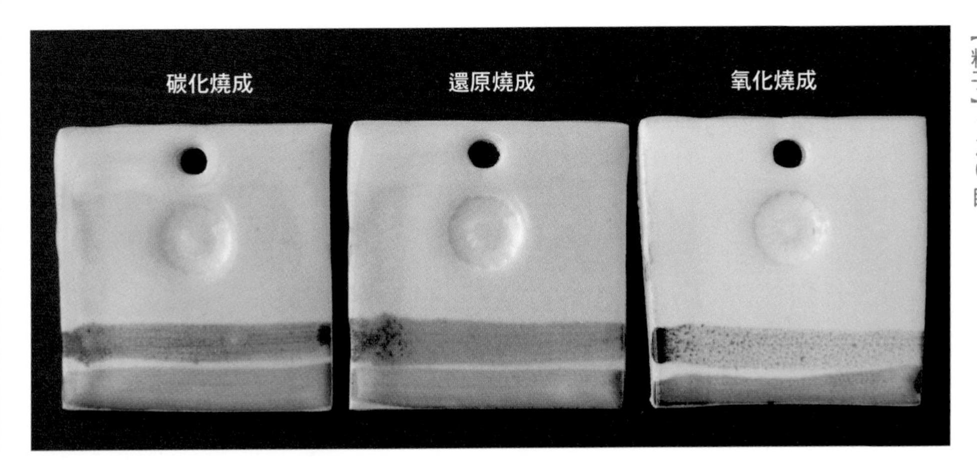

氧化燒成的燒成完成後狀態與半瓷土幾乎相同，但還原燒成與碳化燒成時，燒成完成後會呈現更白的狀態，整體外觀給人硬質的印象。

「白志野釉」（釉陶）的施釉範例

以長石為主原料的傳統白釉

志野燒是日本安土桃山時代在美濃地方（岐阜縣）燒製的「美濃燒」其中一種。美濃燒另外還包括了「織部燒」、「黃瀨戶」及「瀨戶黑」等不同類別，其中志野燒是唯一使用美濃地方特有的黏土及釉藥原料（長石）的燒製的陶器，別無僅有。

當初，志野釉一般被認為是要以燒製出類似白瓷的白釉為目標，但受到原料長石的影響，外觀形成冰裂及氣泡，進而發展成為獨特的釉藥。

本來的志野燒會五斗蒔土或艾土的素坯施釉。燒成方式主要是還原燒成，耗費較長的時間進行升溫，然後再緩緩地冷卻。市售的志野釉大多會調合成以通常的燒成方法即可得到具有志野燒特徵的燒成狀態，但只要燒成方法加以講究，也可以追求更道地的志野燒為目標。

釉藥的調整

釉陶的白志野釉，原本就已經調整成恰到好處的濃度，可以直接使用。

在「信樂水簸土」的施釉範例

【販售業者】丸二陶料
【製土法】水簸法
【粒子】80目

碳化燒成　還原燒成　氧化燒成

任何一種燒成方法燒成完成後的狀態都會呈現出輕盈的白色調。氧化燒成時會帶著些微的黃色感，還原燒成與碳化燒成時則帶有青色感。

在「紫香樂黏土」的施釉範例

【販售業者】丸二陶料
【製土法】乾式法（敲碎法）
【粒子】40目

碳化燒成　還原燒成　氧化燒成

單層施釉部分稍微會呈現出土味。還原燒成時斑紋狀的景色為其特徵，氧化鐵的濃淡會形成發色的差異，呈現出值得玩味的表情。

在「古信樂土（荒）」的施釉範例

【販售業者】丸二陶料
【製土法】乾式法（敲碎法）
【粒子】5釐米以下

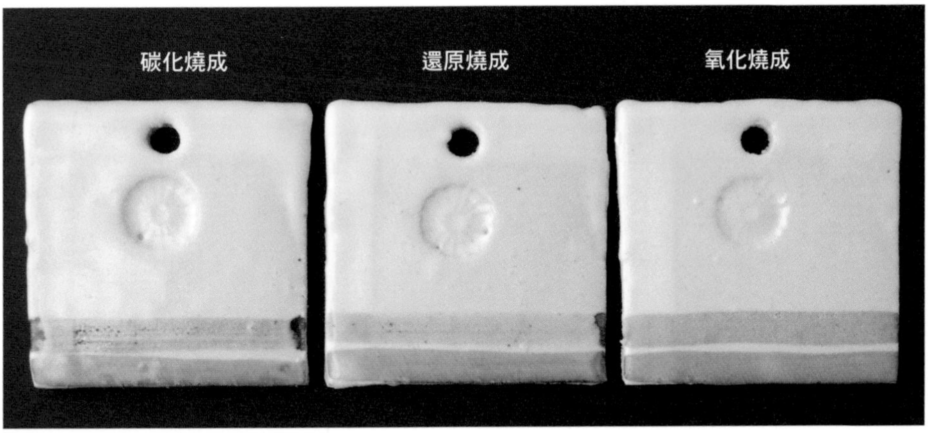

碳化燒成　還原燒成　氧化燒成

因為釉藥較厚的關係，粗顆粒的土味顯得素雅而不醒目。任何一種燒成方法幾乎都會燒出相同的白色調，但氧化燒成時會帶著些微的黃色感。

在「篠原土（水簸法）」的施釉範例

【販售業者】SHINRYU
【製土法】水簸法
【粒子】50目

碳化燒成　還原燒成　氧化燒成

整體外觀的白色調相當醒目。釉調平滑柔順，彷彿要將素坯包覆隱藏起來般的輕盈，釉下彩的顏料發色較淺。

在「古伊賀土」的施釉範例

【販售業者】YAMANI FIRST CERAMIC
【製土法】乾式法（敲碎法）
【粒子】20目

碳化燒成　還原燒成　氧化燒成

素坯的粗獷外表，透過釉藥仍可些微感受得到。還原燒成時，釉藥極薄的部分會呈現淺黃色。

在「五斗蒔土（白）」的施釉範例

【販售業者】SHINRYU
【製土法】水簸法
【粒子】30目

碳化燒成　還原燒成　氧化燒成

任何一種燒成方法燒出來的白色調都很醒目，釉調輕盈，素坯中含有的含鐵礦物也不太會形成黑點。

在「志野艾土（荒目）」的施釉範例

【販售業者】SHINRYU
【製土法】乾式法（敲碎法）
【粒子】30目

碳化燒成　還原燒成　氧化燒成

整體外觀呈現漂亮的白色調，雖然這是與志野系釉藥搭配性良好的黏土，但在色樣試片上因為釉藥施釉厚度均勻的關係，猩紅色（註：參考第 175 頁）與色調的顏色深淺都沒有呈現出來。

在「仁清土」的施釉範例

【販售業者】YAMANI FIRST CERAMIC
【製土法】濕式法
【粒子】100目

碳化燒成　還原燒成　氧化燒成

因為這是相對較白的素坯，以任何燒成方法幾乎都沒有呈現出顏色深淺變化，燒成完成後的狀態均勻。還原燒成與碳化燒成時，會帶有些微的青色感。

在「赤津貫入土」的施釉範例

【販售業者】SHINRYU
【製土法】濕式法
【粒子】100目

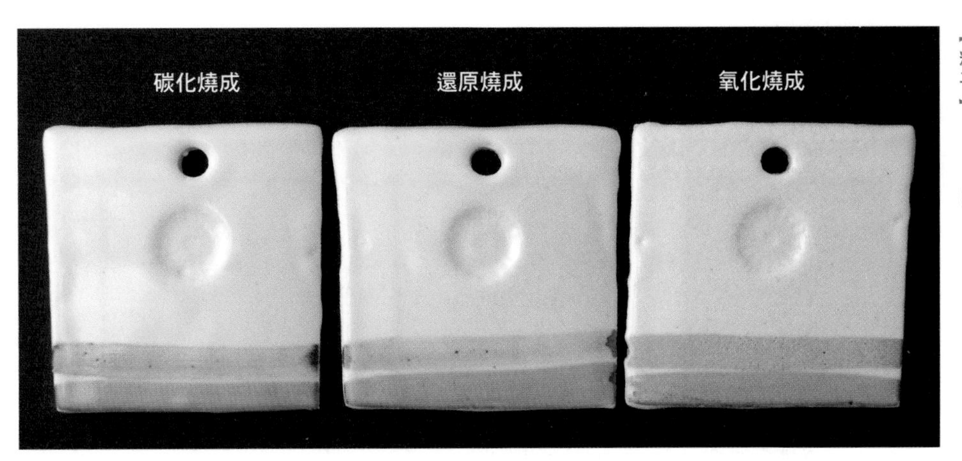

因為是質地細緻的白素坯，以任何一種燒成方法都會呈現出平滑柔順，稍微硬質的釉調，沒有出現顯眼的冰裂。

在「白御影土荒目」的施釉範例

【販售業者】精土
【製土法】水簸法
【粒子】60目＋2.5釐米以下的混入物

碳化燒成　還原燒成　氧化燒成

素坯中含有的黑雲母等含鐵礦物形成較大的黑色斑點，稍微濃一點的氧化鐵比較好發色。

在「赤土1號」的施釉範例

【販售業者】精土
【製土法】水簸法
【粒子】40目

因為是含鐵量少的赤土，色調較淺，但可以藉由釉藥的濃淡來呈現出表情的變化。氧化燒成時，雙重施釉部分有細小孔洞殘留，推測這是因為燒成溫度略低所造成。

在「赤土1號荒目」的施釉範例

【販售業者】精土
【製土法】水簸法
【粒子】40目・2釐米以下的混入物

碳化燒成　還原燒成　氧化燒成

因為上釉厚度稍微厚一些的關係，素坯的粗糙感看起來並不明顯。還元燒成時，釉藥較薄部分可以看到恰到好處的猩紅色。

在「赤土6號」的施釉範例

【販售業者】精土
【製土法】水簸法
【粒子】40目

碳化燒成　還原燒成　氧化燒成

素坯中含有較多的含鐵量受到抑制，整體外觀受到釉藥顏色深淺影響造成的變化少，但上釉較薄部分會出現淺色調。

在「赤土6號荒目」的施釉範例

【販售業者】精土
【製土法】水簸法
【粒子】40目・2釐米以下的混入物

碳化燒成　還原燒成　氧化燒成

素坯較強的色調受到抑制，單層施釉的部分會出現顏色不均而形成表情。在燒成溫度較低的氧化燒成時，釉下彩部分會殘細小孔洞。

在「五斗蒔土（黃）」的施釉範例

【販售業者】SHINRYU
【製土法】水簸法
【粒子】30目

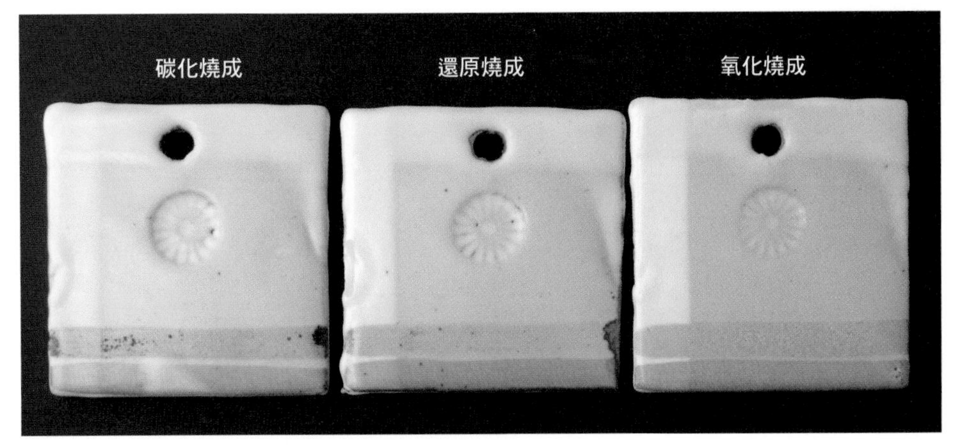

整體外觀呈現偏白色調，但氧化燒成時，單層施釉的部分會發色成淺橙色。還原燒成與碳化燒成時，釉藥較薄的部分可以觀察到猩紅色。

在「越前黏土（荒目）」的施釉範例

【販售業者】YAMANI FIRST CERAMIC
【製土法】乾式法（敲碎法）
【粒子】10目

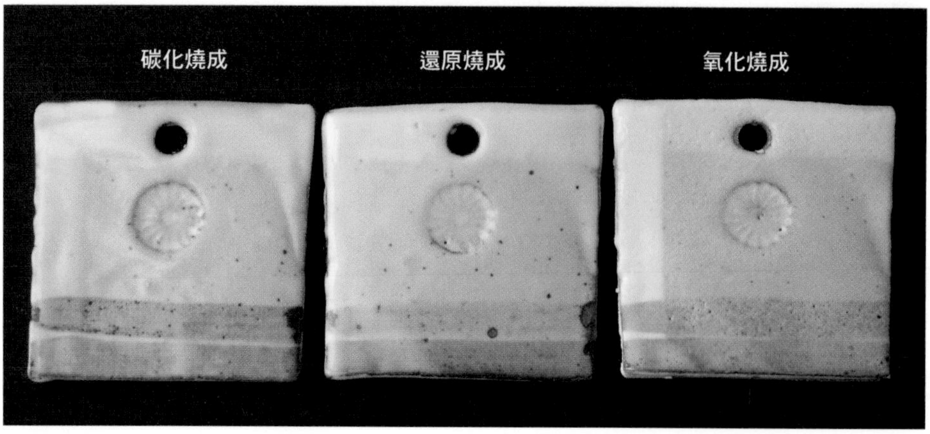

碳化燒成　還原燒成　氧化燒成

單層施釉的部分，因為素坯的粗糙感造成恰到好處的顏色不均，形成表情。還原燒成與碳化燒成時，含鐵礦物會造成細微的黑色斑點。

在「萩土」的施釉範例

【販售業者】YAMANI FIRST CERAMIC
【製土法】濕式法
【粒子】60目

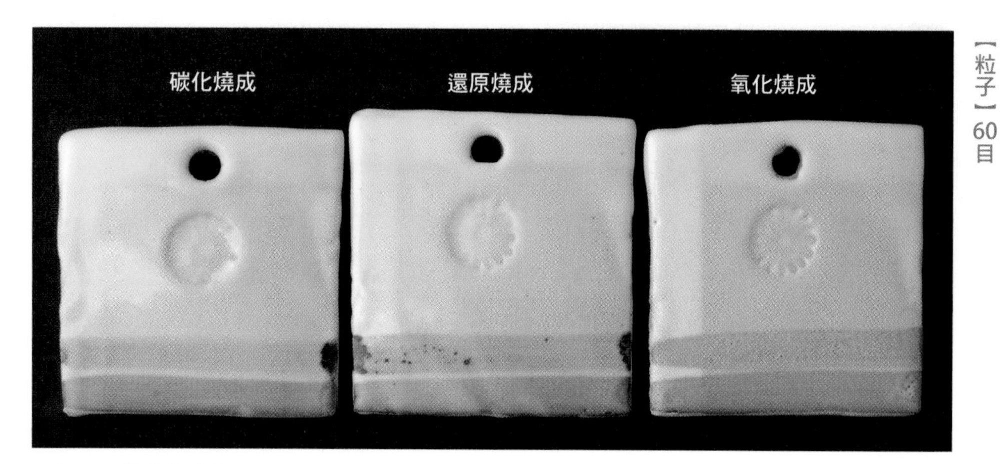

任何一種燒成方法燒成完成後幾乎都偏白色。氧化燒成時，單層施釉的部分會些微透出具有萩土特徵的橙色。

在「唐津土」的施釉範例

【販售業者】YAMANI FIRST CERAMIC
【製土法】水簸法
【粒子】40目

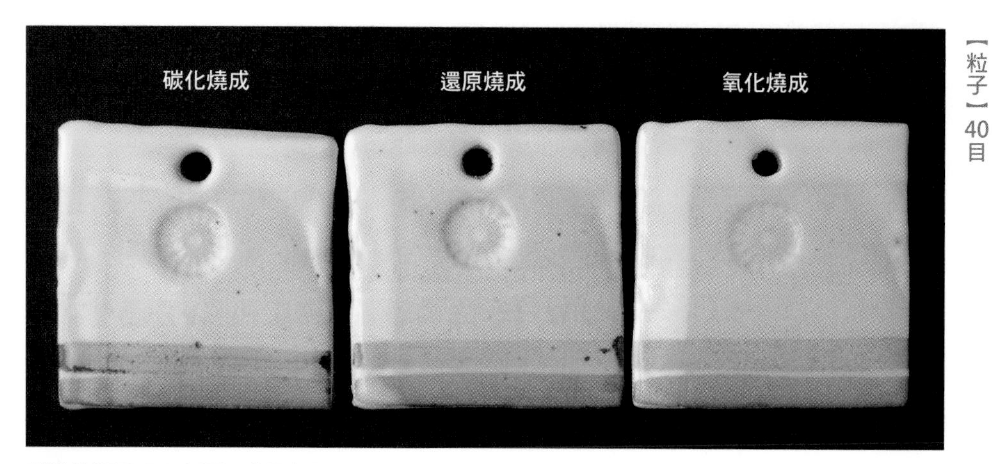

整體外觀呈現白色調，釉調輕盈溫和。氧化燒成時稍微帶黃色感，還原燒成與碳化燒成時則帶有青色感。

在「黑泥」的施釉範例

【販售業者】YAMANI FIRST CERAMIC
【製土法】濕式法
【粒子】60目

碳化燒成　還原燒成　氧化燒成

因為素坯的質地細緻，整體外觀呈現平滑柔順的釉調。任何一種燒成方法在單層施釉的部分都會稍微呈現灰色，但還原燒成時還會稍微帶黃色感。

在「半瓷土（上）」的施釉範例

【販售業者】YAMANI FIRST CERAMIC
【製土法】濕式法
【粒子】100目

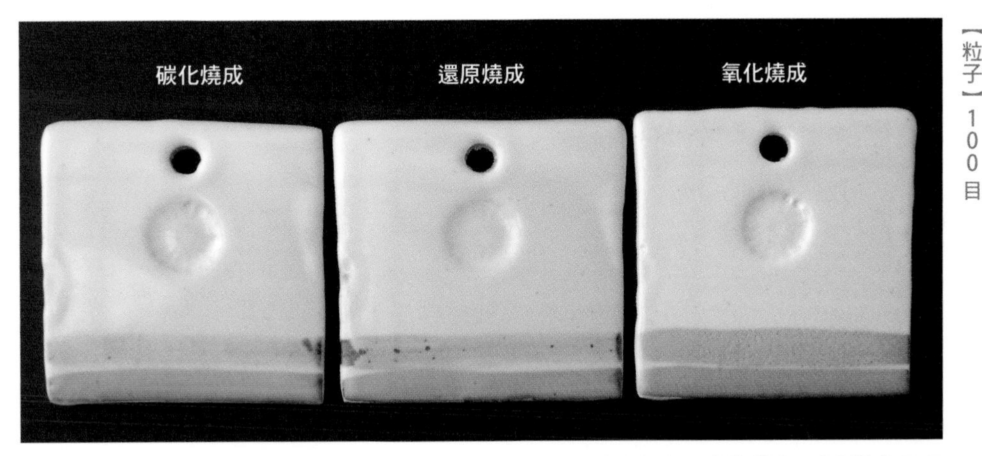

氧化燒成時會帶有些微的黃色感，任何一種燒成方法都幾乎沒有顏色深淺的差異，釉調均勻且硬質。

在「天草白瓷土」的施釉範例

【販售業者】YAMANI FIRST CERAMIC
【製土法】水篩法
【粒子】120目

與半瓷土相同，任何一種燒成方法都會偏白色調，釉調均勻且硬質。氧化燒成時，在氧化鐵部分可以看到細小孔洞，這是因為燒成溫度略低造成。

「紅志野釉」（釉陶）的施釉範例

窯變的猩紅色形成魅力的長石釉

志野釉系的主要原料為長石，因此又被稱為「長石釉」。長石釉特有的釉中細微冰裂與氣泡會形成光線的散亂折射，使得外觀看起來偏白色。此外，還原燒成時，素坯的含鐵量會由冰裂的間隙滲出，呈現出猩紅色，此亦為特徵之一。

本來「紅志野」是要先在底層施加黄土或鬼板的化妝土，然後再其上施釉長石釉（志野釉），接著緩慢地進行還原燒成。不過釉陶「紅志野釉」已經調合至底層不施加鐵質化妝土，也能夠輕易呈現出猩紅色。

還原燒成時，釉藥愈薄，紅色感愈重；釉藥愈厚，色調愈偏白色。此外，燒成方法和素坯的含鐵量，也會對色調產生較大的影響。

由於釉藥的濃淡會帶來猩紅色的深淺變化，如果要刻意營造出釉藥的濃度不均的話，使用長柄杓等道具來進行施釉的效果不錯。

釉藥的調整

釉陶的紅志野釉，原本就已經調整成恰到好處的濃度，可以直接使用。

在「信樂水簸土」的施釉範例

【販售業者】丸二陶料
【製土法】水簸法
【粒子】80目

碳化燒成　還原燒成　氧化燒成

整體外觀呈現平滑柔順的釉調。還原燒成時，燒成完成後的狀態會呈現紅志野釉本來的茶紅色，顏色深淺變化較少，其他的燒成方法則呈現淺茶色。

在「紫香樂黏土」的施釉範例

【販售業者】丸二陶料
【製土法】乾式法（敲碎法）
【粒子】40目

碳化燒成　還原燒成　氧化燒成

還原燒成時，單層上釉的部分，因為素坯適度的粗糙感，形成燒成完成後的表情。氧化燒成時可以觀察到如梅花皮（註：參考第 175 頁）般的小裂痕。

在「古信樂土（荒）」的施釉範例

【販售業者】丸二陶料
【製土法】乾式法（敲碎法）
【粒子】5釐米以下

黏土中含有的矽長石顆粒會形成土味，表情豐富。白化妝土的部分與釉藥較厚的部分會留下裂痕，形成如同梅花皮一般的外觀。

在「篠原土（水簸法）」的施釉範例

【販售業者】SHINRYU
【製土法】水簸法
【粒子】50目

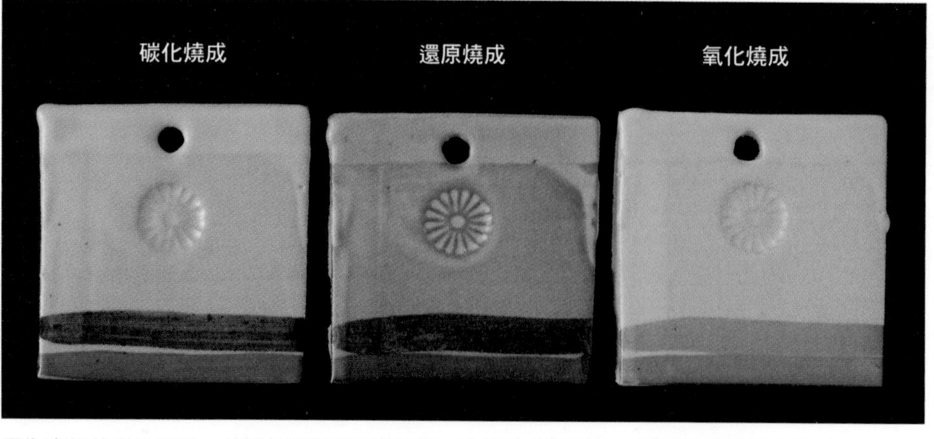

因為素坯的質地細緻，整體外觀呈現平滑柔順，表情也相當溫和。還原燒成與碳化燒成時，釉下彩的氧化鐵顏色會變得較深。

在「古伊賀土」的施釉範例

【販售業者】YAMANI FIRST CERAMIC
【製土法】乾式法（敲碎法）
【粒子】20目

還原燒成時，素坯的粗糙感會形成猩紅色的顏色深淺，使得色調變化豐富。白化妝土的部分則稍微呈現梅花皮般的外觀。

在「五斗蒔土（白）」的施釉範例

【販售業者】SHINRYU
【製土法】水簸法
【粒子】30目

呈現出相對平穩的顏色深淺變化，給人溫和的印象。還原燒成與碳化燒成時，外觀會出現由鐵粉（黑雲母）所造成的細微黑色斑點。

在「志野艾土（荒目）」的施釉範例

【販售業者】SHINRYU
【製土法】乾式法（敲碎法）
【粒子】30目

碳化燒成　還原燒成　氧化燒成

燒成完成後的狀態與五斗蒔土（白）相似，整體外觀呈現平滑柔順的溫和印象。還原燒成時，氧化鐵顏色較深的部分，是因為含鐵量析出後銀化所致。

在「仁清土」的施釉範例

【販售業者】YAMANI FIRST CERAMIC
【製土法】濕式法
【粒子】100目

因為素坯的質地細緻，釉調平滑柔順，顏色深淺變化也少。還原燒成時，釉下彩的青花部分還會發色成茶紅色。

在「赤津貫入土」的施釉範例

【販售業者】SHINRYU
【製土法】濕式法
【粒子】100目

任何一種燒成方法都相對偏白，也因此還原燒成時的顏色深淺變化較少。氧化燒成時，在青花較深的部分（左端），氣泡的痕跡會呈現隕石坑形狀的外觀。

在「白御影土荒目」的施釉範例

【販售業者】精土
【製土法】水簸法
【粒子】60目＋2.5釐米以下的混入物

碳化燒成　還原燒成　氧化燒成

還原燒成與碳化燒成時，素坯中所含有的含鐵礦物會形成較大的黑色斑點。顏色深淺差異較少，色調相對偏白。

在「赤土1號」的施釉範例

【販售業者】精土
【製土法】水簸法
【粒子】40目

與白土系相較之下，還原燒成的紅色感較強，顏色雖然有深淺變化，但釉調平滑柔順，氧化燒成時呈現淺橙色。碳化燒成時呈現淺茶色。

在「赤土1號荒目」的施釉範例

【販售業者】精土
【製土法】水簸法
【粒子】40目・2釐米以下的混入物

素坯的粗糙感形成色調的深淺變化，呈現出耐人尋味的表情。雙重施釉的部分則因為白色調增加的關係，顏色深淺較不明顯。

在「赤土6號」的施釉範例

【販售業者】精土
【製土法】水簸法
【粒子】40目

碳化燒成　還原燒成　氧化燒成

因為含鐵量較多的關係，單層施釉的部分在還原燒成時，會呈現深茶紅色。碳化燒成時，則呈現黑褐色。任何一種燒成方式都會因為含鐵量析出的關係，稍微呈現銀化的狀態。

在「赤土6號荒目」的施釉範例

【販售業者】精土
【製土法】水簸法
【粒子】40目・2釐米以下的混入物

碳化燒成　還原燒成　氧化燒成

燒成完成後的狀態，能夠清楚看到素坯的含鐵量多寡以及粗糙感。外觀恰到好處的細小孔洞及裂痕形成景色。

在「五斗蒔土（黃）」的施釉範例

【販售業者】SHINRYU
【製土法】水簸法
【粒子】30目

整體外觀呈現平滑柔順的釉調，顏色深淺的變化溫和。還原燒成與碳化燒成時，會出現不太顯眼的黑色斑點。

在「越前黏土（荒目）」的施釉範例

【販售業者】YAMANI FIRST CERAMIC
【製土法】乾式法（敲碎法）
【粒子】10目

素坯中所含有的矽長石顆粒在某些部位會形成類似「爆石（註：參考第 175 頁）」般的外觀。素坯的粗糙感造成釉藥的顏色不均，使得表情豐富。

在「萩土」的施釉範例

【販售業者】YAMANI FIRST CERAMIC
【製土法】濕式法
【粒子】60目

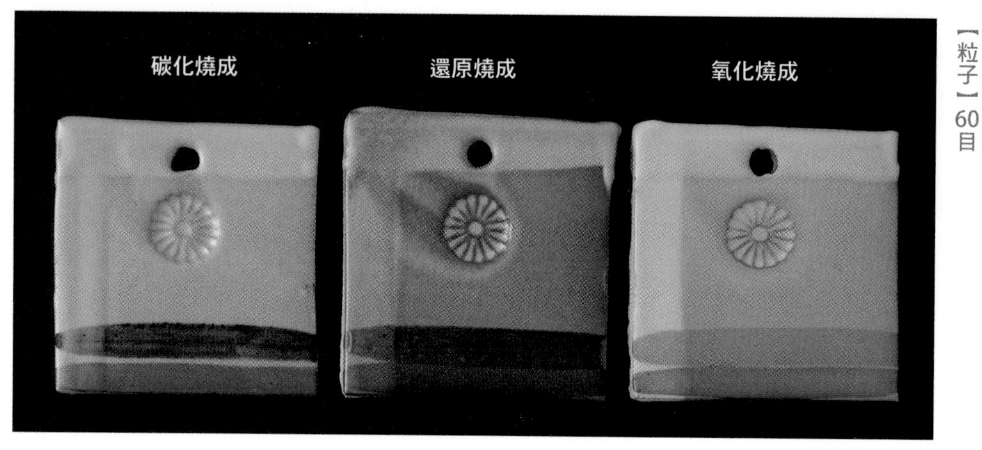

因為素坯的含鐵量較少的關係，整體外觀呈現溫和色調，還原燒成時，會呈現出相對發色良好明亮紅色感。

在「唐津土」的施釉範例

【販售業者】YAMANI FIRST CERAMIC
【製土法】水簸法
【粒子】40目

和萩土相同，因為含鐵量較少的關係，整體外觀呈現淺色調，顏色深淺並不明顯，釉調也給人平滑柔順的溫和印象。

在「黑泥」的施釉範例

【販售業者】YAMANI FIRST CERAMIC
【製土法】濕式法
【粒子】60目

碳化燒成　還原燒成　氧化燒成

整體外觀呈現平滑柔順的釉調，不過任何一種燒成方法都會形成獨特的色調。特別是還原燒成時呈現的暗紅色感最具特徵。

在「半瓷土（上）」的施釉範例

【販售業者】YAMANI FIRST CERAMIC
【製土法】濕式法
【粒子】100目

感覺起來不怎麼像是瓷器，顏色相對偏白，幾乎沒有深淺變化，色調單調。還原燒成時，稍微呈現出桃色。

在「天草白瓷土」的施釉範例

【販售業者】YAMANI FIRST CERAMIC
【製土法】水簸法
【粒子】120目

碳化燒成　還原燒成　氧化燒成

雖然外觀看起來不像瓷器，但釉調平滑柔順。看不到釉藥的濃淡所造成的顏色深淺，幾乎呈現均勻的色調。

「玻璃釉」（丸二陶料）的施釉範例

最古老釉藥的原型

玻璃釉是為了仿照柴窯燒成可見到的「自然釉（註：請參考第175頁）」而製作出來的釉藥。也可以說是釉藥原型。

玻璃釉的日文名稱ビードロ的語源是來自葡萄牙語中意為玻璃的「Vidro」，因為流動堆積的釉藥外觀看起來就如同玻璃一般而得名。

現在市售的玻璃釉大多是由天然木灰加上長石調合製作而成。因為流動性佳的關係，釉藥的濃淡會形成變化，使得表情豐富。

此外，玻璃釉也是伊羅保釉、黃瀨戸釉、土灰釉、御深井釉以及青瓷釉的基礎釉藥。

天然木灰帶有微量的含鐵量，因此在氧化燒成時稍微帶黃色感，而還原燒成時則會變化成青色感。

釉藥的調整

丸二陶料的玻璃釉，原本就已經調整成恰到好處的濃度，可以直接使用。

在「信樂水簸土」的施釉範例

【販售業者】丸二陶料
【製土法】水簸法
【粒子】80目

碳化燒成　還原燒成　氧化燒成

素坯較白而且質地細緻，平滑柔順，釉藥的發色良好。氧化鐵與青花雖然稍微有些暈染，但看起來相對清晰。

在「紫香樂黏土」的施釉範例

【販售業者】丸二陶料
【製土法】乾式法（敲碎法）
【粒子】40目

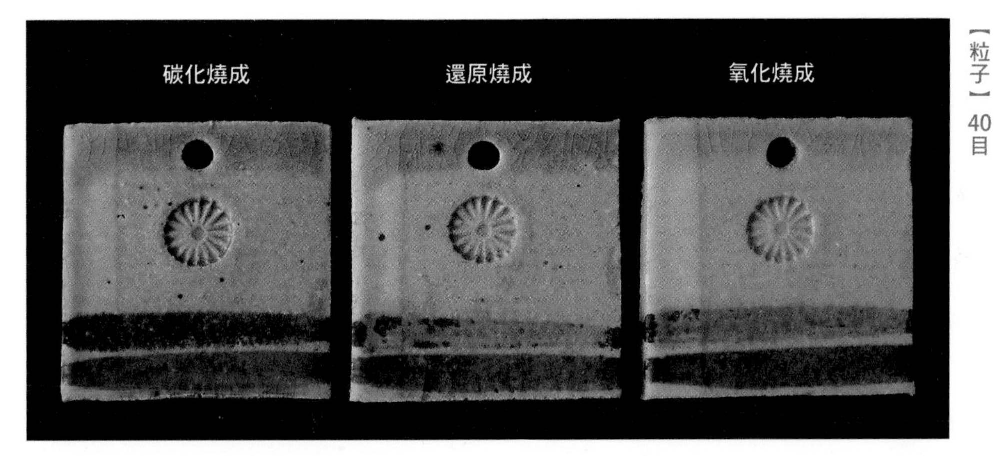

稍微有些粗獷的素坯與釉藥的搭配性良好，表情也顯得豐富。還原燒成與碳化燒成時，含鐵礦物（黑雲母）所造成的黑色斑點會稍微浮現出來。

在「古信樂土（荒）」的施釉範例

【販售業者】丸二陶料
【製土法】乾式法（敲碎法）
【粒子】5釐米以下

這是公認搭配性良好的白土之一。黏土中所含有的矽長石顆粒，如同爆石般形成隆起，看起來頗有古陶的氣氛。

在「篠原土（水簸法）」的施釉範例

【販售業者】SHINRYU
【製土法】水簸法
【粒子】50目

碳化燒成　還原燒成　氧化燒成

因為是含砂量較多的黏土，看起來呈現出溫合的風貌。與黏土的色調相乘之後，發色稍微較深。

在「古伊賀土」的施釉範例

【販售業者】YAMANI FIRST CERAMIC
【製土法】乾式法（敲碎法）
【粒子】20目

碳化燒成　還原燒成　氧化燒成

與古信樂土（粗糙）並列為搭配性良好的白土。土味質粗而雜，而且矽長石的顆粒也較大，燒成完成後呈現粗獷的野趣氣氛。

在「五斗蒔土（白）」的施釉範例

【販售業者】SHINRYU
【製土法】水簸法
【粒子】30目

碳化燒成　還原燒成　氧化燒成

素坯為白色，發色相對良好，可以觀察到含鐵礦物（黑雲母） 所造成的小斑點。收縮率較低，因此冰裂較大而且較少。

在「志野艾土（荒目）」的施釉範例

【販售業者】SHINRYU
【製土法】乾式法（敲碎法）
【粒子】30目

與五斗蒔土（白）相似，因為素坯也有色調的關係，燒成完成後整體外觀呈現較深的顏色。細微的黑色斑點比五斗蒔土（白）更多。

在「仁清土」的施釉範例

【販售業者】YAMANI FIRST CERAMIC
【製土法】濕式法
【粒子】100目

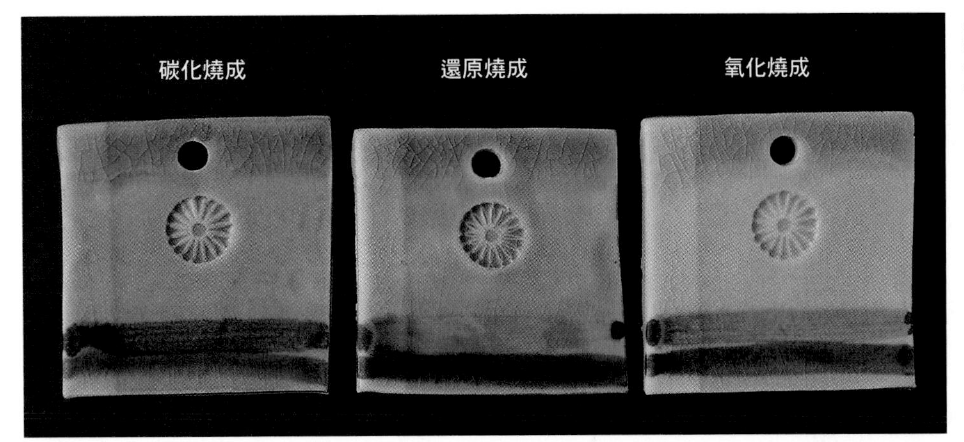

因為素坯是質地細緻的白色，釉調平滑柔順，發色良好，素坯的收縮率高，會出現較多非常細微的冰裂。

在「赤津貫入土」的施釉範例

【販售業者】SHINRYU
【製土法】濕式法
【粒子】100目

雖然與仁清土類似，但因為素坯更偏白色的關系，整體外觀顯得明亮。成分比仁清土更具玻璃質地，因此會有較大的冰裂。

在「白御影土荒目」的施釉範例

【販售業者】精土
【製土法】水簸法
【粒子】60目＋2.5釐米以下的混入物

碳化燒成　還原燒成　氧化燒成

因為基底是半瓷土的關係，所以發色良好。矽長石顆粒及較大的黑雲母等混入物較多，會形成黑色斑點。

在「赤土1號」的施釉範例

【販售業者】精土
【製土法】水簸法
【粒子】40目

因為是中目而且含鐵量較少的紅土，還原燒成及碳化燒成在燒成完成後呈現出溫和的顏色，氧化鐵及青花會出現暈染。

在「赤土1號荒目」的施釉範例

【販售業者】精土
【製土法】水簸法
【粒子】40目・2釐米以下的混入物

整體外觀呈現出溫和的印象。但任何一種燒成方法燒成完成後，黏土中混入的矽長石顆粒及黏土熟料都會形成獨特的風味，表情豐富。

在「赤土6號」的施釉範例

【販售業者】精土
【製土法】水簸法
【粒子】40目

碳化燒成　還原燒成　氧化燒成

因為含鐵量較多的關係，雙重施釉的部分發色狀態宛如黑釉一般。還原燒成時施釉較薄的部分會呈現磚紅色，碳化燒成時，則會呈現偏黑色。

在「赤土6號荒目」的施釉範例

【販售業者】精土
【製土法】水簸法
【粒子】40目・2釐米以下的混入物

因為色調較深的關係，矽長石顆粒及黏土熟料等混入物相當顯眼，呈現出粗獷的氣氛，釉下彩不容易看得清楚。

在「五斗蒔土（黃）」的施釉範例

【販售業者】SHINRYU
【製土法】水簸法
【粒子】30目

因為含鐵量較少的關係，整體外觀呈現出來的氣氛較溫和，白化妝土的部分相當清晰，還原燒成與碳化燒成時，會出現小黑色斑點。

在「越前黏土（荒目）」的施釉範例

【販售業者】YAMANI FIRST CERAMIC
【製土法】乾式法（敲碎法）
【粒子】10目

碳化燒成　還原燒成　氧化燒成

這是公認搭配性良好的紅土之一。土味粗獷，質粗而雜，含鐵量也多的關係，燒成後的狀態呈現出粗獷的氣氛。

在「萩土」的施釉範例

【販售業者】YAMANI FIRST CERAMIC
【製土法】濕式法
【粒子】60目

燒成完成後並不減損萩土所特有的溫和色調。特別是氧化燒成時，與白化妝土的搭配性也良好，呈現出輕盈的氣氛。

在「唐津土」的施釉範例

【販售業者】YAMANI FIRST CERAMIC
【製土法】水簸法
【粒子】40目

碳化燒成　還原燒成　氧化燒成

因為含鐵量較少的關係，呈現出淺色調，土味質粗而雜，表情豐富。還原燒成與碳化燒成時，表面會出現黑色斑點。

在「黑泥」的施釉範例

【販售業者】YAMANI FIRST CERAMIC
【製土法】濕式法
【粒子】60目

碳化燒成　還原燒成　氧化燒成

受到素坯中含有的鈷成分，以及金紅石的影響，燒成完成後呈現出獨特的色調。單層施釉的部分可以觀察到如結晶般的白濁外觀。

在「半瓷土（上）」的施釉範例

【販售業者】YAMANI FIRST CERAMIC
【製土法】濕式法
【粒子】100目

碳化燒成　還原燒成　氧化燒成

發色明亮，燒成完成後的整體外觀呈現光澤感。素坯的收縮率高，但因為成分結構相似，所以冰裂很少。

在「天草白瓷土」的施釉範例

【販售業者】YAMANI FIRST CERAMIC
【製土法】水簸法
【粒子】120目

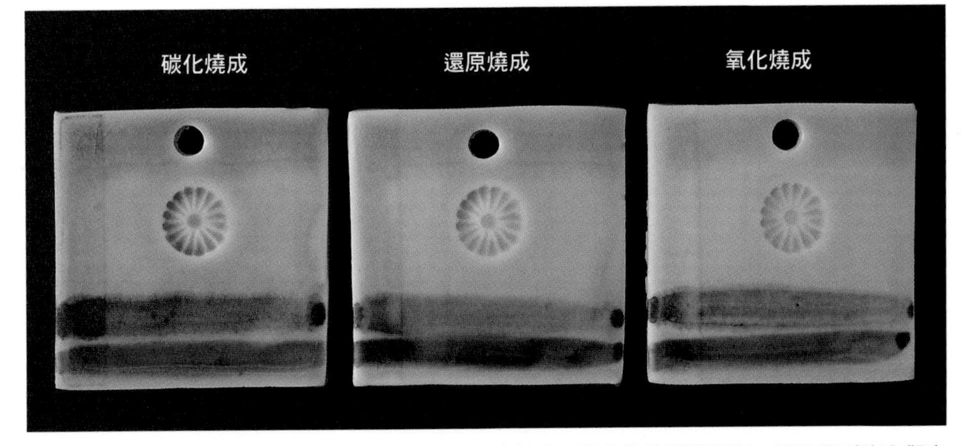

與半瓷土相同，發色明亮，具有光澤。素坯為玻璃質地，與釉藥的結構相似，因此幾乎沒有觀察到冰裂。

「伊羅保釉」（YAMANI FIRST CERAMIC）的施釉範例

以高麗茶碗為源流的灰釉

伊羅保釉這個名字的由來，是來自江戶時代初期，於朝鮮半島製作的高麗茶碗之一「伊羅保茶碗」。伊羅保茶碗的素坯含砂量較多，外表乾燥，據說是因為手感讓人感覺「いらいら（音近似伊羅伊羅，意為令人煩燥）」而得名。

調合這個釉藥的基礎相當簡單，屬於將「來待石」、「赤粉」這類含鐵量多的黃土，以天然灰熔化後的灰釉的一種。此外，若是添加高嶺土等氧化鋁類，會變得容易燒焦；若添加骨灰等磷酸成分，可以加強色調的紅色感。依照色調的不同，有時也會被稱呼為「黃伊羅保釉」或「赤伊羅保釉」。因為融點較低的關係，釉藥容易聚集在一起形成圓點形狀，流動後經常會形成條痕（條紋模樣）也是這種釉的特徵之一。

類似的釉藥有「黃瀨戶釉」，不過黃瀨戶釉的調合是以長石及天然灰為主，不怎麼添加黃土。

釉藥的調整

YAMANI FIRST CERAMIC 的伊羅保釉因為是粉末釉藥的關係，需要一邊確認濃度，一邊在 1kg 粉末釉藥加入 800cc 的水進行調整。

在「信樂水簸土」的施釉範例

【販售業者】丸二陶料
【製土法】水簸法
【粒子】80目

碳化燒成　還原燒成　氧化燒成

氧化燒成時，呈現較明亮的金黃色，還原燒成時，呈現黃土色。這兩種燒成方式的雙重施釉部分，都會呈現出顏色深的斑紋狀。碳化燒成時，則會呈現偏黑的顏色。

在「紫香樂黏土」的施釉範例

【販售業者】丸二陶料
【製土法】乾式法（敲碎法）
【粒子】40目

素坯的凹凸外觀會呈現出豐富的表情。特別是還原燒成時，矽長石的顆粒可以營造出外觀上的強弱對比。白化妝土的部分質感不同，外觀顯得稍微有些乾燥。

在「古信樂土（荒）」的施釉範例

【販售業者】丸二陶料
【製土法】乾式法（敲碎法）
【粒子】5釐米以下

黏土中所含有的矽長石顆粒隆起後形成類似爆石（註：參考第 175 頁）般的狀態。特別是還原燒成時，顏色不均的狀態相當明顯，表情豐富。

在「篠原土（水簸法）」的施釉範例

【販售業者】SHINRYU
【製土法】水簸法
【粒子】50目

碳化燒成　還原燒成　氧化燒成

氧化燒成與還原燒成時，釉藥會凝固成細微的圓點，形成斑紋狀的外觀。特別是還原燒成時會呈現出如同燒焦般的深茶色。

在「古伊賀土」的施釉範例

【販售業者】YAMANI FIRST CERAMIC
【製土法】乾式法（敲碎法）
【粒子】20目

碳化燒成　還原燒成　氧化燒成

素坯中所包含的矽長石顆粒浮現於外，形成景色。碳化燒成時，幾乎無法看見釉下彩的青花。

在「五斗蒔土（白）」的施釉範例

【販售業者】SHINRYU
【製土法】水簸法
【粒子】30目

碳化燒成　還原燒成　氧化燒成

雖然有適度的表情，但整體外觀還是呈現平穩的釉調，給人沉著穩重的氣氛。碳化燒成時，釉藥會聚集成為圓點形狀，形成斑紋狀的外觀。

在「志野艾土（荒目）」的施釉範例

【販售業者】SHINRYU
【製土法】乾式法（敲碎法）
【粒子】30目

碳化燒成　還原燒成　氧化燒成

燒成完成後的氣氛與五斗蒔土（白） 非常相似。在雙重施釉的部分，釉藥容易集中形成斑紋狀的外觀。

在「仁清土」的施釉範例

【販售業者】YAMANI FIRST CERAMIC
【製土法】濕式法
【粒子】100目

碳化燒成　還原燒成　氧化燒成

氧化燒成與還原燒成時，在單層施釉的部分，釉藥會集中成為圓點狀，形成斑紋狀模樣。碳化燒成時，不容易因為釉藥的濃淡造成顏色的深淺變化。

在「赤津貫入土」的施釉範例

【販售業者】SHINRYU
【製土法】濕式法
【粒子】100目

碳化燒成的單層施釉部分，釉藥會收縮形成梅花皮（註：參考第 175 頁）般的外觀。氧化燒成與還原燒成時，會出現斑點。

在「白御影土荒目」的施釉範例

【販售業者】精土
【製土法】水簸法
【粒子】60目＋2.5釐米以下的混入物

整體外觀饒富變化，表情豐富。還原燒成時素坯的含鐵礦物會形成較大的黑色斑點，碳化燒成時則形成茶紅色的斑點。

在「赤土1號」的施釉範例

【販售業者】精土
【製土法】水簸法
【粒子】40目

因為是含鐵量較少的紅土，雖然與白土系的色調沒有太大的差異，但釉藥的較薄部分形成的「焦黑」顏色較深，營造出耐人尋味的感覺。

在「赤土1號荒目」的施釉範例

【販售業者】精土
【製土法】水簸法
【粒子】40目・2釐米以下的混入物

素坯中所含有的矽長石顆粒及黏土熟料形成土味，整體外觀呈現出來的表情豐富。色調變化與顏色深淺的變化也恰到好處。

在「赤土6號」的施釉範例

【販售業者】精土
【製土法】水簸法
【粒子】40目

因為含鐵量較多的關係，單層施釉的部分在還原燒成時會變黑。碳化燒成時，燒成完成後會呈現深茶紅色。氧化燒成時的色調變動幅度大，饒富變化。

在「赤土6號荒目」的施釉範例

【販售業者】精土
【製土法】水簸法
【粒子】40目・2釐米以下的混入物

素坯中含有的矽長石顆粒與黏土熟料等的粒子相當醒目，粗獷的凹凸外觀也呈現出表情。還原燒成時，氧化鐵部分會出現銀化現象。

在「五斗蒔土（黃）」的施釉範例

【販售業者】SHINRYU
【製土法】水簸法
【粒子】30目

因為素坯的含鐵量較少的關係，色調的變化不大，但還原燒成時的單層施釉部分，釉藥會集中形成斑紋狀模樣。

在「越前黏土（荒目）」的施釉範例

【販售業者】YAMANI FIRST CERAMIC
【製土法】乾式法（敲碎法）
【粒子】10目

碳化燒成　還原燒成　氧化燒成

因為含鐵量稍微較多的關係，單層施釉的部分在還原燒成時容易燒焦。碳化燒成時，呈現深茶紅色。整體外觀充滿變化，表情豐富。

在「萩土」的施釉範例

【販售業者】YAMANI FIRST CERAMIC
【製土法】濕式法
【粒子】60目

氧化燒成與還原燒成時，呈現出金黃色系的溫和色調，質地相對細緻，同時也因為含鐵量少的關係，不容易出現較大範圍的顏色不均。

在「唐津土」的施釉範例

【販售業者】YAMANI FIRST CERAMIC
【製土法】水簸法
【粒子】40目

在任何一種燒成方法的雙重施釉部分，釉藥都會集中形成斑紋狀。還原燒成的單層施釉部分，會呈現出深色的斑紋狀，成為景色。

在「黑泥」的施釉範例

【販售業者】YAMANI FIRST CERAMIC
【製土法】濕式法
【粒子】60目

碳化燒成　還原燒成　氧化燒成

任何一種燒成方法的消光感都很強烈，釉面呈現沒有光澤的狀態。受到素坯中含有的金屬顏料影響，氧化燒成時會稍微帶有綠色感。

在「半瓷土（上）」的施釉範例

【販售業者】YAMANI FIRST CERAMIC
【製土法】濕式法
【粒子】100目

任何一種燒成方法，釉藥都容易集中聚集，形成斑紋狀模樣及圓點狀斑點。與其他的素坯相較之下，因為矽酸成分較多的關係，釉藥容易熔化。

在「天草白瓷土」的施釉範例

【販售業者】YAMANI FIRST CERAMIC
【製土法】水簸法
【粒子】120目

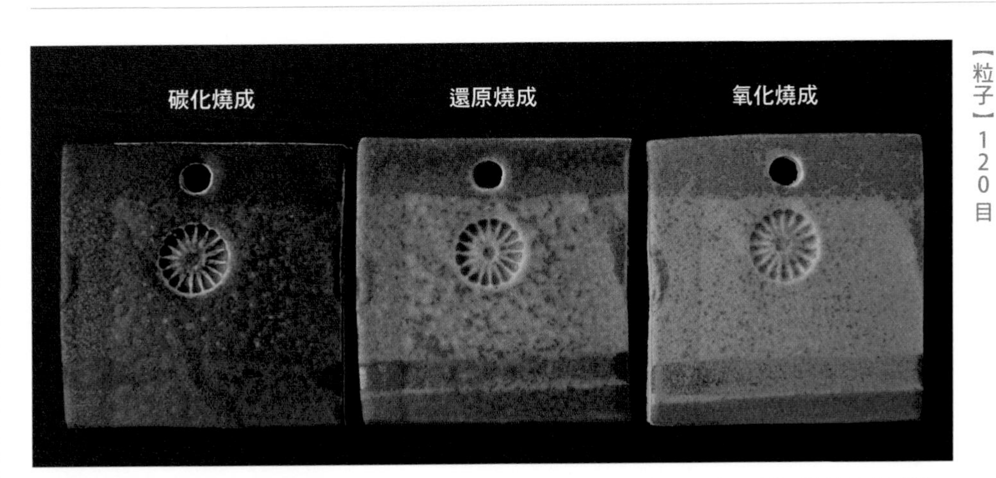

還原燒成時，雖然發色較為明亮，但任何一種燒成方法的熔化狀態都良好，受到此特性的影響，釉藥會集中起來形成斑紋狀的外觀。

「油揚手黃瀨戶釉」的施釉範例

（YAMANI FIRST CERAMIC）

起源是來自對於青瓷的憧憬

「黃瀨戶」的基礎是日本平安時代末期，在瀨戶地方燒製，名為「古瀨戶」的飴色（麥芽糖色）陶器。而這種陶器是為了要模仿中國宋代的青瓷。當時日本的陶窯及燒成技術，還原燒成尚未完全成熟，比較偏向氧化燒成，因此燒成後的顏色難免呈現飴色。據說這項技術後來傳入美濃地方，最後演改成為黃瀨戶。

黃瀨戶釉是由灰、土石類、2%左右的含鐵量調合而成。依照色調與質感的不同，區分為數種不同類型，主要是名為「菊皿手」，外表具有光澤的淺黃色陶品；以及稱為「油揚手」的消光粗糙質感的陶品兩種。一般認為原始的油揚手，必須在日本安土桃山時代所使用的穴窯燒製，以穴窯特有的濕氣，還有徐冷條件方可得之質感。但 YAMANI FIRST CERAMIC 的油揚手黃瀨戶釉，已經調合成可以輕易在電窯重現當時的油揚手氣氛。

釉藥的調整

YAMANI FIRST CERAMIC 的油揚手黃瀨戶釉因為是粉末釉藥的關係，需要一邊確認濃度，一邊在 1kg 粉末釉藥加入 1200cc 的水進行調整。

在「信樂水簸土」的施釉範例

【販售業者】丸二陶料
【製土法】水簸法
【粒子】80目

碳化燒成　還原燒成　氧化燒成

氧化燒成時，呈現淺黃色，茶色的斑點十分顯眼。還原燒成時，顏色變深。碳化燒成時，帶有黑色感。釉下彩的顏料會暈染開來。

在「紫香樂黏土」的施釉範例

【販售業者】丸二陶料
【製土法】乾式法（敲碎法）
【粒子】40目

碳化燒成　還原燒成　氧化燒成

受到素坯的外表凹凸影響，顏色會呈現出深淺變化，使得表情豐富，還原燒成與碳化燒成時，還可以觀察到含鐵礦物所造成的黑色斑點。

在「古信樂土（荒）」的施釉範例

【販售業者】丸二陶料
【製土法】乾式法（敲碎法）
【粒子】5釐米以下

素坯中含有的矽長石顆粒與黑雲母形成獨特的土味。還原燒成時，白化妝土的部分可以觀察到缺釉。

在「篠原土（水簸法）」的施釉範例

【販售業者】SHINRYU
【製土法】水簸法
【粒子】50目

碳化燒成　還原燒成　氧化燒成

素坯中含鋁量較多，這是因為釉藥中的鹼性成分被奪走，使得鐵的成分被抽出來的關係。顏色深且釉調外觀乾燥。

在「古伊賀土」的施釉範例

【販售業者】YAMANI FIRST CERAMIC
【製土法】乾式法（敲碎法）
【粒子】20目

整體外觀呈現淺色調。還原燒成與碳化燒成時，素坯含有的矽長石顆粒及黑雲母會顯現於外，表情豐富。

在「五斗蒔土（白）」的施釉範例

【販售業者】SHINRYU
【製土法】水簸法
【粒子】30目

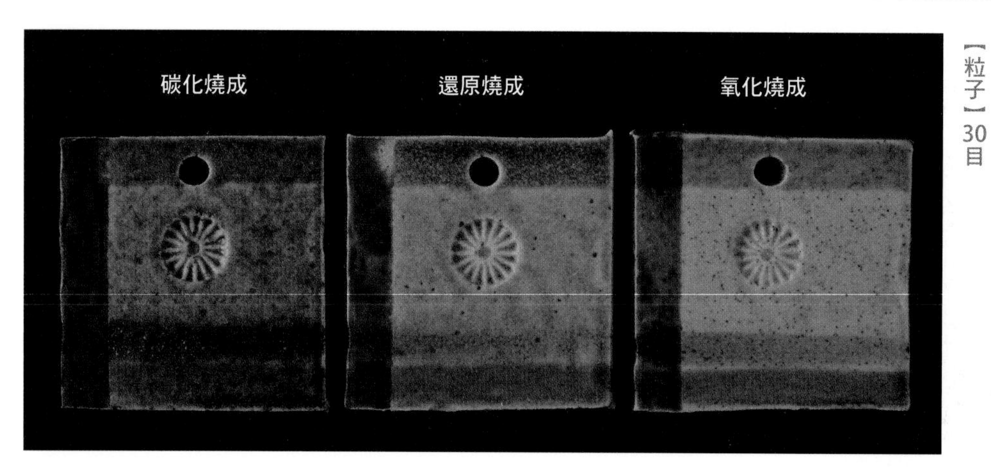

任何一種燒成方法都會燒出淺色調，呈現相對沉穩的表情。還原燒成與碳化燒成時，會出現較多細微的黑色斑點。

在「志野艾土（荒目）」的施釉範例

【販售業者】SHINRYU
【製土法】乾式法（敲碎法）
【粒子】30目

碳化燒成　還原燒成　氧化燒成

整體外觀呈現淺色調。氧化燒成時可以看到的茶色斑點，是因為受到釉藥中含鐵量的影響。還原燒成時，白化妝土的部分可以觀察到缺釉。

在「仁清土」的施釉範例

【販售業者】YAMANI FIRST CERAMIC
【製土法】濕式法
【粒子】100目

與篠原土相似，整體外觀呈現較深的色調，而釉調的外觀乾燥，理由也相同，是因為素坯中含鋁量較多的關係所致。

在「赤津貫入土」的施釉範例

【販售業者】SHINRYU
【製土法】濕式法
【粒子】100目

碳化燒成　還原燒成　氧化燒成

因為素坯中含有較多矽酸成分的關係，整體外觀的熔化狀態良好，相對的也有光澤，釉下彩的顏料暈染擴散開來。

在「白御影土荒目」的施釉範例

【販售業者】精土
【製土法】水簸法
【粒子】60目＋2.5釐米以下的混入物

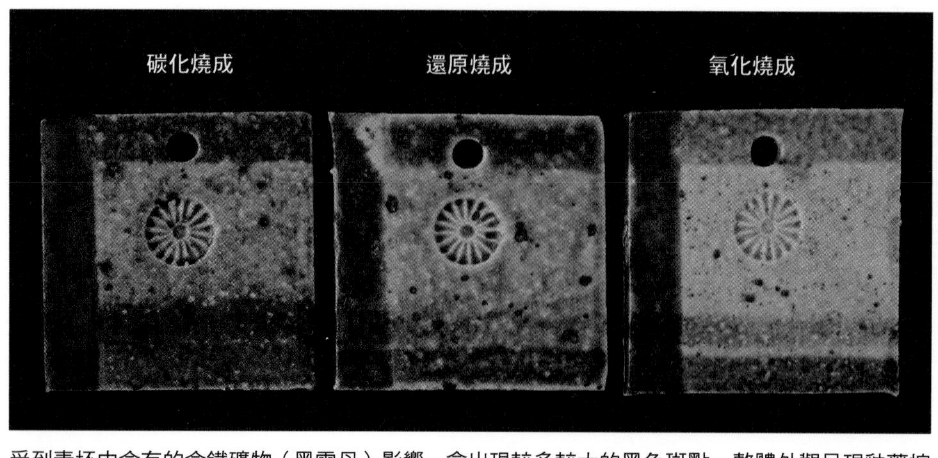

受到素坯中含有的含鐵礦物（黑雲母）影響，會出現較多較大的黑色斑點。整體外觀呈現釉藥熔化良好的狀態。

在「赤土1號」的施釉範例

【販售業者】精土
【製土法】水簸法
【粒子】40目

受到素坯的含鐵量影響，整體外觀呈現出沉穩的色調。氧化燒成時，呈現金黃色。還原燒成時，發色會變得更深。

在「赤土1號荒目」的施釉範例

【販售業者】精土
【製土法】水簸法
【粒子】40目・2釐米以下的混入物

素坯中所含有的矽長石顆粒及黏土熟料形成耐人尋味的外觀。與赤土 1 號相同，整體外觀呈現出沉穩的色調。

在「赤土6號」的施釉範例

【販售業者】精土
【製土法】水簸法
【粒子】40目

碳化燒成　還原燒成　氧化燒成

因為含鐵量較多的關係，氧化燒成時呈現茶色。還原燒成與碳化燒成時，燒成完成後呈現黑色，雙層施釉部分的含鐵量會出現結晶化。

在「赤土6號荒目」的施釉範例

【販售業者】精土
【製土法】水簸法
【粒子】40目・2釐米以下的混入物

碳化燒成　還原燒成　氧化燒成

素坯中含有的矽長石顆粒與黏土熟料會形成外觀上的凹凸，受到素坯的含鐵量影響，整體外觀呈現的色調較深。

在「五斗蒔土（黃）」的施釉範例

【販售業者】SHINRYU
【製土法】水簸法
【粒子】30目

氧化燒成時，呈現淺金黃色。還原燒成時，顏色變得稍微較深，可以看到出現燒焦的部分。整體外觀可以觀察到恰到好處的光澤，給人溫和的印象。

在「越前黏土（荒目）」的施釉範例

【販售業者】YAMANI FIRST CERAMIC
【製土法】乾式法（敲碎法）
【粒子】10目

碳化燒成　還原燒成　氧化燒成

氧化燒成時，呈現較深的金黃色，相對較為穩重。還原燒成與碳化燒成時，素坯的粗糙感相當醒目，表情豐富。

在「萩土」的施釉範例

【販售業者】YAMANI FIRST CERAMIC
【製土法】濕式法
【粒子】60目

與篠原土及仁清土相同，因為素坯的含鋁量較多的關係，色調較深，釉調表面乾燥，受到素坯的含鐵量影響，色調較深。

在「唐津土」的施釉範例

【販售業者】YAMANI FIRST CERAMIC
【製土法】水簸法
【粒子】40目

碳化燒成　還原燒成　氧化燒成

以任何一種燒成方法燒成完成後的狀態，都會呈現溫和的表情，但受到素坯中的含鐵量影響，整體外觀呈現陰暗印象的色調。

在「黑泥」的施釉範例

【販售業者】YAMANI FIRST CERAMIC
【製土法】濕式法
【粒子】60目

碳化燒成　還原燒成　氧化燒成

燒成完成後整體外觀偏黑色，不過釉藥較濃的部分稍微呈現茶色。還原燒成與碳化燒成時，釉藥較厚的部分可以看到結晶。

在「半瓷土（上）」的施釉範例

【販售業者】YAMANI FIRST CERAMIC
【製土法】濕式法
【粒子】100目

碳化燒成　還原燒成　氧化燒成

以任何一種燒成方法燒成完成後的狀態都具有光澤，色調淺，熔化狀態良好，因此釉藥容易出現濃淡變化。

在「天草白瓷土」的施釉範例

【販售業者】YAMANI FIRST CERAMIC
【製土法】水簸法
【粒子】120目

碳化燒成　還原燒成　氧化燒成

和半瓷土相同，釉藥的熔化狀態良好，具有光澤。釉藥容易流動，凸出部分的釉藥較少，燒成完成後會偏白色。

「茶飴釉」的施釉範例（YAMANI FIRST CERAMIC）

明亮色調的飴釉

飴釉，顧名思義是「飴色（麥芽糖色）」的釉藥。雖然都稱為飴釉，既有淺茶色的明亮色飴釉，也有如焦茶色般的深色飴釉。此外，還有偏黃色的飴釉，以及偏紅色的飴釉。YAMANI FIRST CERAMIC的「茶飴釉」就是稍微帶紅色感的明亮飴釉。

飴釉的調合相對單純，是以土灰釉或透明釉為基礎釉，再添加5～8%的鐵分作為著色劑製作而成。鐵分是由黃土這類含鐵礦物、弁柄（氧化鐵）或矽酸鐵等調合而來，可以藉由添加的種類與添加量來調整色調。此外也有添加二氧化錳來增加色彩深度的調合方法。

釉藥的調整

YAMANI FIRST CERAMIC的茶飴釉因為是粉末釉藥的關係，需要一邊確認濃度，一邊在1kg粉末釉藥加入700cc的水進行調整。

在「信樂水簸土」的施釉範例

【販售業者】丸二陶料
【製土法】水簸法
【粒子】80目

碳化燒成　還原燒成　氧化燒成

整體外觀有光澤，平滑柔順。氧化燒成時，呈現明亮的茶褐色。還原燒成時，顏色變深。碳化燒成時會變成綠色。

在「紫香樂黏土」的施釉範例

【販售業者】丸二陶料
【製土法】乾式法（敲碎法）
【粒子】40目

碳化燒成　還原燒成　氧化燒成

素坯的粗糙感形成恰到好處的斑紋狀外觀。碳化燒成時，雙重施釉的部分會出現白色結晶。

在「古信樂土（荒）」的施釉範例

【販售業者】丸二陶料
【製土法】乾式法（敲碎法）
【粒子】5釐米以下

黏土的粗獷外觀形成恰到好處的顏色不均，表情豐富。碳化燒成時，雙重施釉的部分會出現白色結晶。

在「篠原土（水簸法）」的施釉範例

【販售業者】SHINRYU
【製土法】水簸法
【粒子】50目

碳化燒成 還原燒成 氧化燒成

整體外觀呈現平滑柔順的釉調，給人溫和的印象。氧化燒成與碳化燒成時，釉藥較厚的部分可以觀察到白色結晶。

在「古伊賀土」的施釉範例

【販售業者】YAMANI FIRST CERAMIC
【製土法】乾式法（敲碎法）
【粒子】20目

素坯的粗糙感造成外觀的顏色不均，表情豐富。素坯中所含有較粗的矽長石顆粒會以白色斑點的方式呈現。

在「五斗蒔土（白）」的施釉範例

【販售業者】SHINRYU
【製土法】水簸法
【粒子】30目

整體外觀呈現平滑柔順的溫和印象。碳化燒成時，釉藥較厚的部分會出現白色結晶，顏色帶綠色感。

在「志野艾土（荒目）」的施釉範例

【販售業者】SHINRYU
【製土法】乾式法（敲碎法）
【粒子】30目

碳化燒成　還原燒成　氧化燒成

整體外觀呈現光澤，釉調平滑柔順，但感受不到艾土特有的質細而輕土味。

在「仁清土」的施釉範例

【販售業者】YAMANI FIRST CERAMIC
【製土法】濕式法
【粒子】100目

碳化燒成　還原燒成　氧化燒成

整體外觀呈現平滑柔順的釉調。碳化燒成的釉下彩部分之所以會發生釉中氣泡，是因為受到含碳量的影響，依據排窯位置的不同，受到的影響也會有所差異。

在「赤津貫入土」的施釉範例

【販售業者】SHINRYU
【製土法】濕式法
【粒子】100目

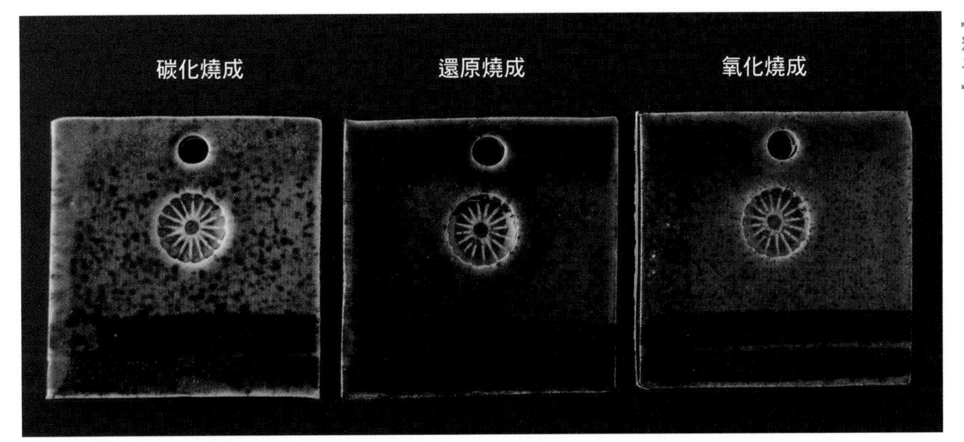

整體外觀呈現平滑柔順，氧化燒成與還原燒成時，會呈現較明亮的色調。碳化燒成時，釉藥較厚的部分可以觀察到白色結晶。

在「白御影土荒目」的施釉範例

【販售業者】精土
【製土法】水簸法
【粒子】60目＋2.5釐米以下的混入物

素坯的粗糙感所形成的顏色不均較多，表情豐富。同時也會出現矽長石顆粒造成的白色斑點，以及含鐵礦物造成的黑色斑點。

在「赤土1號」的施釉範例

【販售業者】精土
【製土法】水簸法
【粒子】40目

受到素坯的含鐵量影響，發色稍微偏暗，透過釉藥可以看到素坯，幾乎感覺不到與白土之間的差異。

在「赤土1號荒目」的施釉範例

【販售業者】精土
【製土法】水簸法
【粒子】40目・2釐米以下的混入物

素坯的粗糙感會形成外觀的顏色不均，素坯含有的細微矽長石顆粒會以白色斑點的狀態呈現出來。

在「赤土6號」的施釉範例

【販售業者】精土
【製土法】水簸法
【粒子】40目

碳化燒成　還原燒成　氧化燒成

因為素坯的含鐵量較多的關係，整體的外觀偏向黑色。氧化燒成時的白化妝土很醒目。還原燒成時，還可以在釉面觀察到金屬結晶。

在「赤土6號荒目」的施釉範例

【販售業者】精土
【製土法】水簸法
【粒子】40目・2釐米以下的混入物

碳化燒成　還原燒成　氧化燒成

素坯較多的含鐵量和粗糙感會以顏色不均的狀態呈現出來。還原燒成時，氧化鐵部分會出現金屬結晶。

在「五斗蒔土（黃）」的施釉範例

【販售業者】SHINRYU
【製土法】水簸法
【粒子】30目

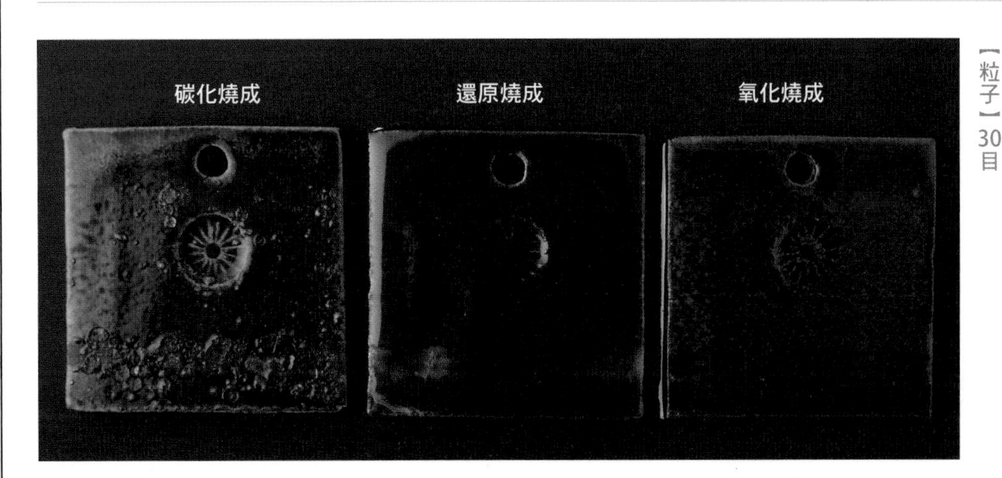

整體外觀呈現平滑柔順的釉調，以紅土而言，算是較為明亮的色調。幾乎看不到白化妝土及釉下彩的模樣。

在「越前黏土（荒目）」的施釉範例

【販售業者】YAMANI FIRST CERAMIC
【製土法】乾式法（敲碎法）
【粒子】10目

碳化燒成　還原燒成　氧化燒成

因為素坯的含鐵量較多的關係，整體外觀呈現稍微偏暗的色調，素坯的粗糙感使得表情豐富。氧化鐵部分容易出現金屬結晶。

在「萩土」的施釉範例

【販售業者】YAMANI FIRST CERAMIC
【製土法】濕式法
【粒子】60目

碳化燒成　還原燒成　氧化燒成

整體外觀呈現平滑柔順的印象。因為素坯的含鐵量較少，形成相對明亮的色調。碳化燒成時，釉藥較厚的部分可以觀察到白色結晶。

在「唐津土」的施釉範例

【販售業者】YAMANI FIRST CERAMIC
【製土法】水簸法
【粒子】40目

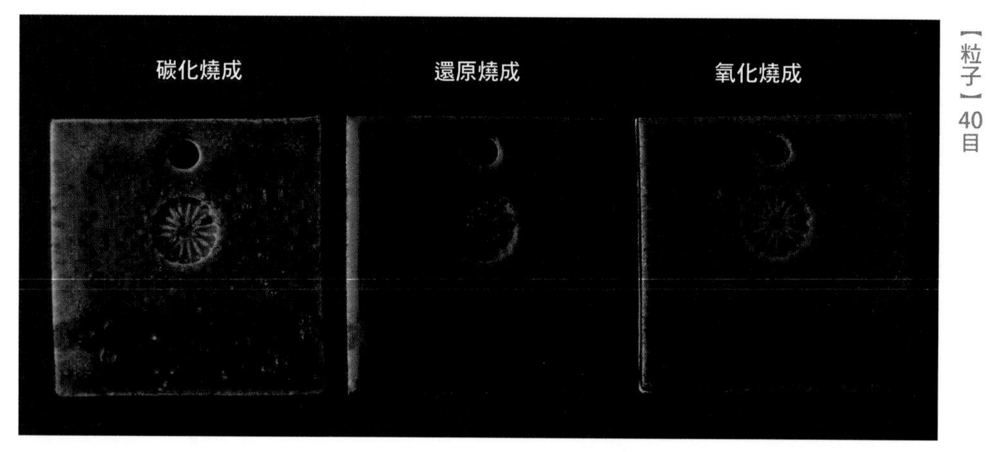

氧化燒成與還原燒成時，發色成較素雅的綠色。黏土的適度粗糙感形成恰到好處的顏色不均，使得表情豐富。

在「黑泥」的施釉範例

【販售業者】YAMANI FIRST CERAMIC
【製土法】濕式法
【粒子】60目

碳化燒成　還原燒成　氧化燒成

受到素坯的色調影響，整體外觀偏向黑色。碳化燒成時發生的釉中氣泡，是因為受到含碳量的影響，不同的排窯位置也會有所差異。

在「半瓷土（上）」的施釉範例

【販售業者】YAMANI FIRST CERAMIC
【製土法】濕式法
【粒子】100目

色調明亮，而且具有光澤。釉藥較薄的部分容易呈現偏白色調，明度的範圍廣泛。碳化燒成時，釉藥較厚的部分可以觀察到白色結晶。

在「天草白瓷土」的施釉範例

【販售業者】YAMANI FIRST CERAMIC
【製土法】水簸法
【粒子】120目

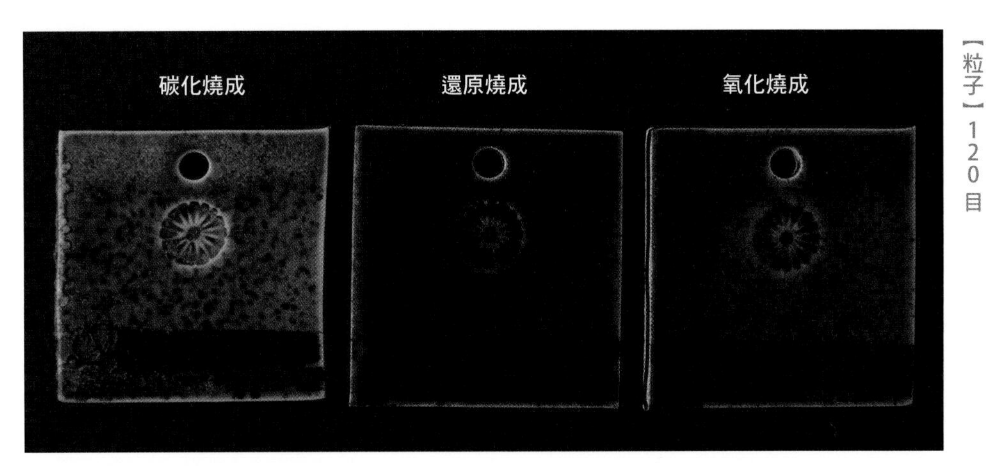

與半瓷土相同，氧化燒成與還原燒成時，單層施釉的部分容易呈現出明亮的綠色。釉調非常地平滑柔順，具有光澤。

「蕎麥釉」的施釉範例

（YAMANI FIRST CERAMIC）

與蕎麥仁相似的結晶斑點

蕎麥釉是與飴釉類似的鐵釉，是一種外觀呈現淺黃色斑點的釉藥，也是自古以來即在各產地使用的傳統釉。由於這個斑點看起來很像是蕎麥仁，因此而得名。

作為基底的釉藥是土灰透明釉，然後再添加氧化鐵之類的鐵分來當作著色劑。此外，有時也會以添加二氧化錳來呈現出色調的變化。依據釉藥的濃淡與燒成方法不同，外觀的色調會在淺茶色～焦茶色之間變化。

蕎麥釉特徵的斑點，是因為添加了鎂系原料作為結晶劑而形成的外觀。添加量愈多，斑點的量也會隨之增加。

此外，斑點會因為釉藥的濃淡及燒成溫度、燒成方法的不同，而有不同呈現方式（※）的變化，有時會以單獨的顆粒狀出現，有時則會彼此相連，覆蓋較大的面積。

※釉藥愈濃，形成結晶的數量就會愈多，結晶顆粒也會愈大。

釉藥的調整

YAMANI FIRST CERAMIC 的蕎麥釉因為是粉末釉藥的關係，需要一邊確認濃度，一邊在 1kg 粉末釉藥加入 1L 的水進行調整。

在「信樂水簸土」的施釉範例

【販售業者】丸二陶料
【製土法】水簸法
【粒子】80目

碳化燒成　還原燒成　氧化燒成

氧化燒成的單層施釉的部分，會出現形成斑紋狀的淺黃色結晶斑點。在雙重施釉的部分，結晶的斑點則會相連在一起。

在「紫香樂黏土」的施釉範例

【販售業者】丸二陶料
【製土法】乾式法（敲碎法）
【粒子】40目

還原燒成時，素坯的凹凸容易形成顏色的深淺，表情豐富。碳化燒成時也容易出現斑點，整體外觀呈現變成黑色。

在「古信樂土（荒）」的施釉範例

【販售業者】丸二陶料
【製土法】乾式法（敲碎法）
【粒子】5釐米以下

還原燒成時，整體外觀呈現容易形成顏色不均，饒富變化。氧化燒成時，之所以整體外觀呈現金黃色，推測是因為釉藥的厚度較厚所致。

在「篠原土（水簸法）」的施釉範例

【販售業者】SHINRYU
【製土法】水簸法
【粒子】50目

因為釉藥整體施釉得稍微厚一些，結晶所造成的斑點連結在一起形成失透，呈現出金黃色。釉藥的微妙濃度變化都容易造成外觀的變化。

在「古伊賀土」的施釉範例

【販售業者】YAMANI FIRST CERAMIC
【製土法】乾式法（敲碎法）
【粒子】20目

由於釉藥本身的釉調及色調變化豐富，素坯所持有的粗獷感覺不太會顯現出來。氧化燒成時，釉藥較薄的部分結晶較少，顏色較深。

在「五斗蒔土（白）」的施釉範例

【販售業者】SHINRYU
【製土法】水簸法
【粒子】30目

碳化燒成　還原燒成　氧化燒成

氧化燒成時，雖然有較多結晶發生，但彼此沒有連結在一起，呈現適度的斑紋模樣。釉下彩的青花顏料依燒成方法不同，會發色成黑～茶褐色。

在「志野艾土（荒目）」的施釉範例

【販售業者】SHINRYU
【製土法】乾式法（敲碎法）
【粒子】30目

因為釉藥的濃度恰到好處的關系，氧化燒成時，素坯透出來的部分與因為結晶而失透的部分呈現比例均衡的狀態。

在「仁清土」的施釉範例

【販售業者】YAMANI FIRST CERAMIC
【製土法】濕式法
【粒子】100目

氧化燒成時，釉藥較薄，素坯透出來部分，呈現較明亮的金黃色。白化妝土的部分，如果釉藥較薄的話，容易燒焦。

在「赤津貫入土」的施釉範例

【販售業者】SHINRYU
【製土法】濕式法
【粒子】100目

因為整體外觀釉藥較厚的關係，造成較多結晶發生，呈現金黃色。雙重施釉的較厚部分，色調會變得偏暗。

在「白御影土荒目」的施釉範例

【販售業者】精土
【製土法】水簸法
【粒子】60目＋2.5釐米以下的混入物

整體外觀呈現顏色深淺變化以及顏色不均，表情豐富。還原燒成時，素坯中含有的含鐵礦物暈染形成較大的黑色斑點。

在「赤土1號」的施釉範例

【販售業者】精土
【製土法】水簸法
【粒子】40目

氧化燒成時，素坯透出可見的部分，呈現出茶紅色。結晶所造成的淺黃色斑點，和在白土系時相同，會顯現在外觀。

在「赤土1號荒目」的施釉範例

【販售業者】精土
【製土法】水簸法
【粒子】40目・2釐米以下的混入物

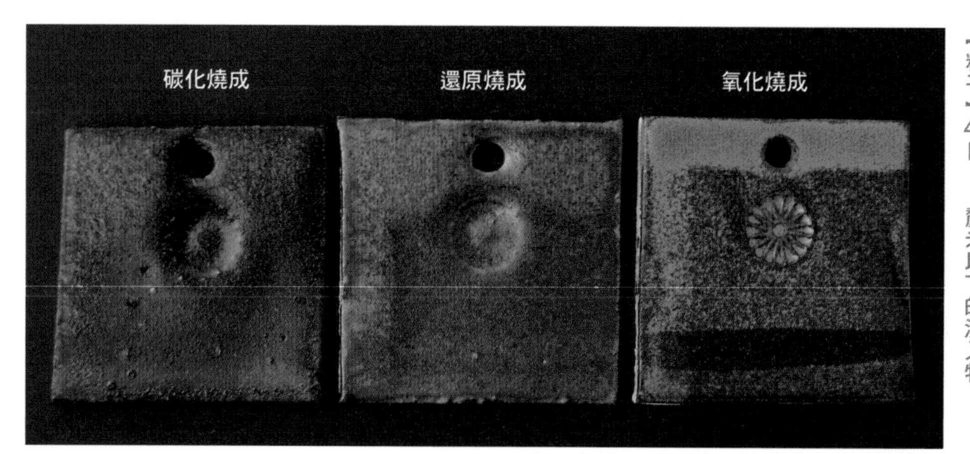

因為素坯的粗糙感，相較於赤土 1 號，顯得釉調的變化更為豐富。還原燒成及碳化燒成時，會稍微出現矽長石顆粒。

在「赤土6號」的施釉範例

【販售業者】精土
【製土法】水簸法
【粒子】40目

單層施釉的部分，受到素坯含鐵量的影響熔化較多，不容易出現結晶。白化妝土的部分，因為不會受到含鐵量的影響，結晶會被保留下來。

在「赤土6號荒目」的施釉範例

【販售業者】精土
【製土法】水簸法
【粒子】40目・2釐米以下的混入物

因為素坯的色調較強，一般在粗獷的黏土上可見到饒富變化的釉調，反而變得不顯眼。還原燒成時，因為釉藥較濃的關係，外觀會覆上結晶。

在「五斗蒔土（黃）」的施釉範例

【販售業者】SHINRYU
【製土法】水簸法
【粒子】30目

氧化燒成時，釉藥較薄部分的素坯會透出可見，呈現茶紅色。此外，白化妝土的部分容易出現結晶的斑點。

在「越前黏土（荒目）」的施釉範例

【販售業者】YAMANI FIRST CERAMIC
【製土法】乾式法（敲碎法）
【粒子】10目

碳化燒成　還原燒成　氧化燒成

還原燒成的單層施釉部分，呈現出斑紋狀的結晶斑點。雖然可以見到部分素坯的色調，但穿透性不像氧化燒成那麼高。

在「萩土」的施釉範例

【販售業者】YAMANI FIRST CERAMIC
【製土法】濕式法
【粒子】60目

碳化燒成　還原燒成　氧化燒成

因為釉藥施釉的厚度較厚，任何一種燒成方法都會發生較多結晶，覆蓋在釉面。碳化燒成時消光感強烈，呈現出如梨皮紋般的質感。

在「唐津土」的施釉範例

【販售業者】YAMANI FIRST CERAMIC
【製土法】水簸法
【粒子】40目

碳化燒成　還原燒成　氧化燒成

因為素坯的含鐵量不多，氧化燒成時，釉藥較薄的部分呈現出較明亮的茶紅色。然而，當釉藥的厚度到達某種程度後，結晶會覆蓋表面，不容易看到素坯的色調。

在「黑泥」的施釉範例

【販售業者】YAMANI FIRST CERAMIC
【製土法】濕式法
【粒子】60目

氧化燒成的單層施釉部分，素坯會變成黑褐色，出現大量細微的結晶。還原燒成與碳化燒成時，失透感增強，釉面也容易失去光澤。

在「半瓷土（上）」的施釉範例

【販售業者】YAMANI FIRST CERAMIC
【製土法】濕式法
【粒子】100目

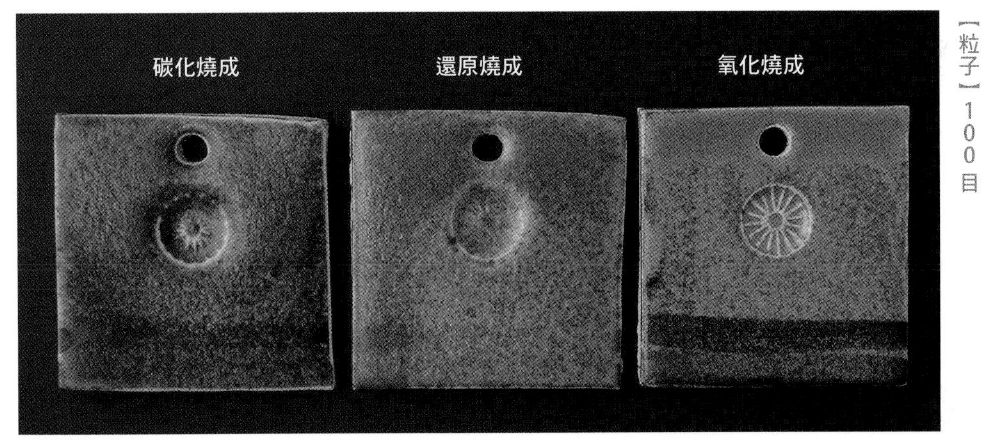

氧化燒成的單層施釉部分，素坯看起來像是明亮的金黃色。轉角處等釉藥較薄的部分，素坯會透出呈現白色。

在「天草白瓷土」的施釉範例

【販售業者】YAMANI FIRST CERAMIC
【製土法】水簸法
【粒子】120目

任何一種燒成方法，都會發生大量結晶斑點，覆蓋著釉面。此外，釉調幾乎感覺不到瓷土特有的堅硬質感。

「冰裂青瓷釉」的施釉範例

（YAMANI FIRST CERAMIC）

由光線的折射所創造出來的深邃青色世界

青瓷的歷史非常久遠，據說在紀元前14世紀左右，就已經在中國燒製其原型灰釉陶器。唐代奠定了現在青瓷的基礎，而在宋代迎來其極盛期。

原本的青瓷只能透過還原燒成讓燒成完成後的狀態呈現青~青綠色。這個青色感是來自釉中的貫入及氣泡使光線折射而形成。為了要呈現出這樣的效果，必須讓釉藥中含有1~2%的鐵分，藉由還原燒成，自「氧化鐵」變化為「氧化亞鐵」才行。

冰裂是在燒成過程中，釉藥受熱後的膨脹率比素坯高的情形下較易形成。貫入的形成方式，可以從原料中的長石種類，以及助熔劑（註：參考第175）所使用的鹼類進行調整，並且與素坯之間的搭配性也會形成變化。

釉藥的調整

YAMANI FIRST CERAMIC的冰裂青瓷釉因為是粉末釉藥的關係，需要一邊確認濃度，一邊在1kg粉末釉藥加入700cc的水進行調整。

在「信樂水簸土」的施釉範例

【販售業者】丸二陶料
【製土法】水簸法
【粒子】80目

氧化燒成時，呈現淺黃色，還原燒成與碳化燒成時，呈現淺青色，但碳化燒成時，色調會稍微變暗。任何一種燒成方法，只要釉藥較濃，色調都會變得較深。

在「紫香樂黏土」的施釉範例

【販售業者】丸二陶料
【製土法】乾式法（敲碎法）
【粒子】40目

任何一種燒成方法，從釉藥之上都可以看得到底下透出的素坯質感。還原燒成時，會出現帶淺橙色的猩紅色（註：參考第 175 頁）斑紋形狀。

在「古信樂土（荒）」的施釉範例

【販售業者】丸二陶料
【製土法】乾式法（敲碎法）
【粒子】5釐米以下

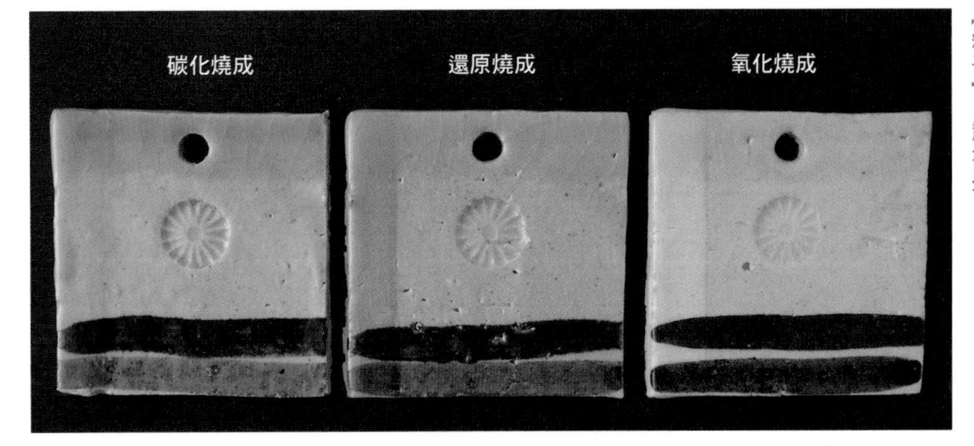

任何一種燒成方法，從釉藥之上都可以看到底下透出的素坯粗獷質感。還原燒成的單層施釉部分，呈現淺淺的猩紅色。此外，白化妝土的部分會出現帶橙色的猩紅色。

在「篠原土（水簸法）」的施釉範例

【販售業者】SHINRYU
【製土法】水簸法
【粒子】50目

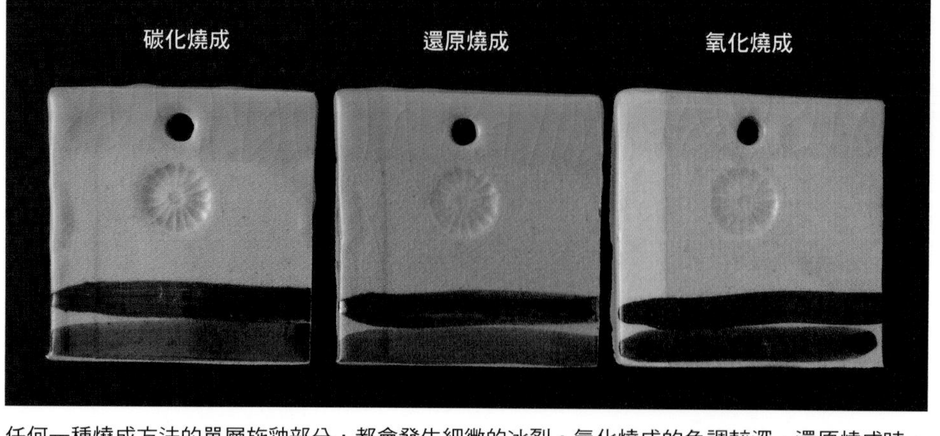

任何一種燒成方法的單層施釉部分，都會發生細微的冰裂。氧化燒成的色調較深，還原燒成時，單層施釉的部分整體出現帶桃色的猩紅色。

在「古伊賀土」的施釉範例

【販售業者】YAMANI FIRST CERAMIC
【製土法】乾式法（敲碎法）
【粒子】20目

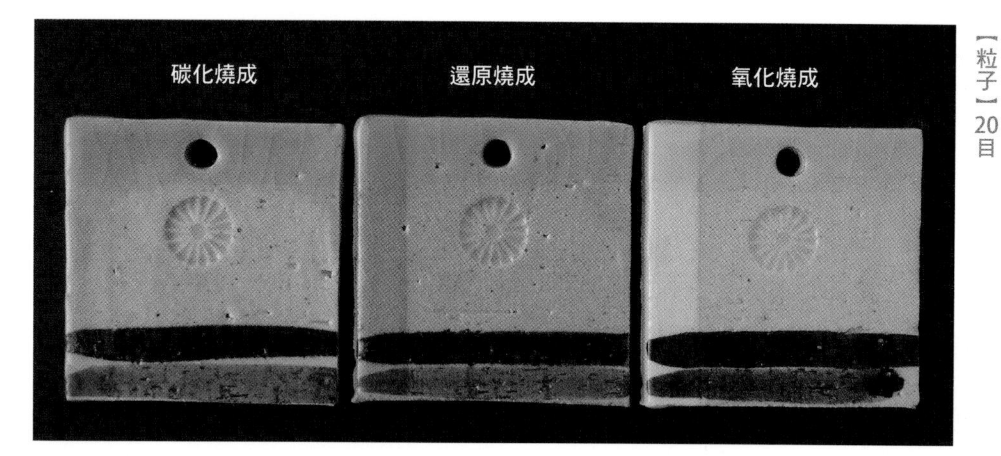

即使從釉藥上方也能看得到底下透出的素坯粗糙感。還原燒成的單層施釉部分，呈現出淺淺的猩紅色。白化妝土的部分可以觀察到較深的猩紅色。

在「五斗蒔土（白）」的施釉範例

【販售業者】SHINRYU
【製土法】水簸法
【粒子】30目

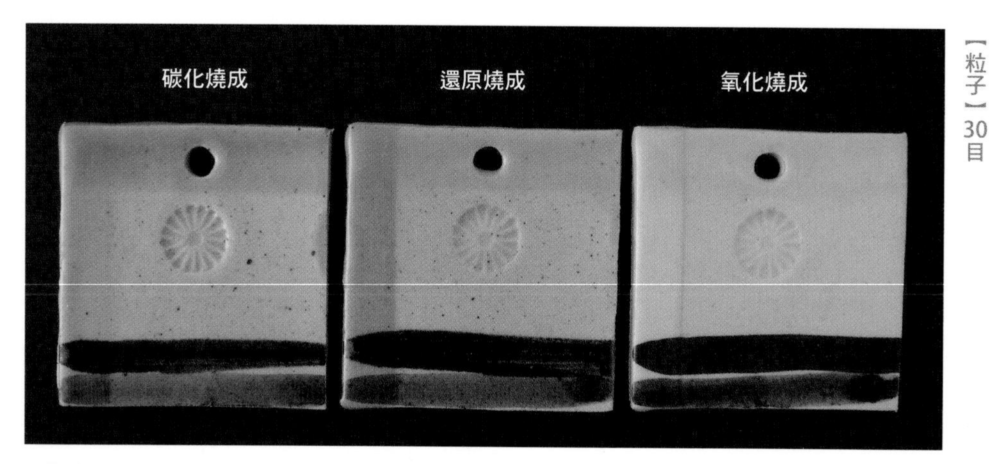

因為素坯的收縮率較小，整體外觀出現的冰裂也較少，素坯的部分不會呈現出猩紅色，還原燒成與碳化燒成時，可以觀察到含鐵礦物所造成的細微黑色斑點

在「志野艾土（荒目）」的施釉範例

【販售業者】SHINRYU
【製土法】乾式法（敲碎法）
【粒子】30目

碳化燒成 還原燒成 氧化燒成

與五斗蒔土（白）相同，因為不易收縮的關係，冰裂較少。還原燒成時，白化妝土的部分會出現較深的猩紅色。

在「仁清土」的施釉範例

【販售業者】YAMANI FIRST CERAMIC
【製土法】濕式法
【粒子】100目

碳化燒成 還原燒成 氧化燒成

單層施釉的部分會發生細微的冰裂。還原燒成的雙重施釉部分，發色成較明亮的青色。碳化燒成時，則發色成偏綠色。

在「赤津貫入土」的施釉範例

【販售業者】SHINRYU
【製土法】濕式法
【粒子】100目

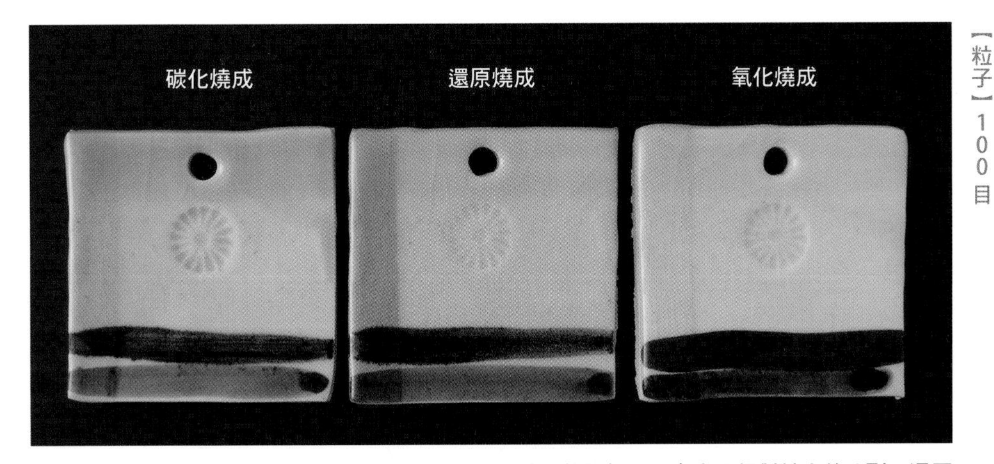

因為素坯是白色的關係，整體外觀的發色良好。雙重施釉的部分，會出現相對較大的冰裂。還原燒成時，雙重施釉的部分會呈現較深的猩紅色。

在「白御影土荒目」的施釉範例

【販售業者】精土
【製土法】水簸法
【粒子】60目＋2.5釐米以下的混入物

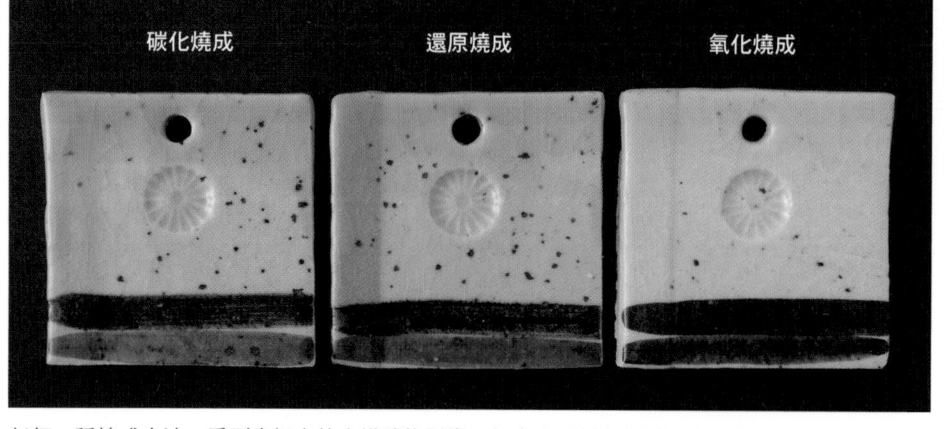

任何一種燒成方法，受到素坯中的含鐵礦物影響，都會出現黑色斑點，但因為鐵分不熔於釉藥，不會發生暈染。

在「赤土1號」的施釉範例

【販售業者】精土
【製土法】水簸法
【粒子】40目

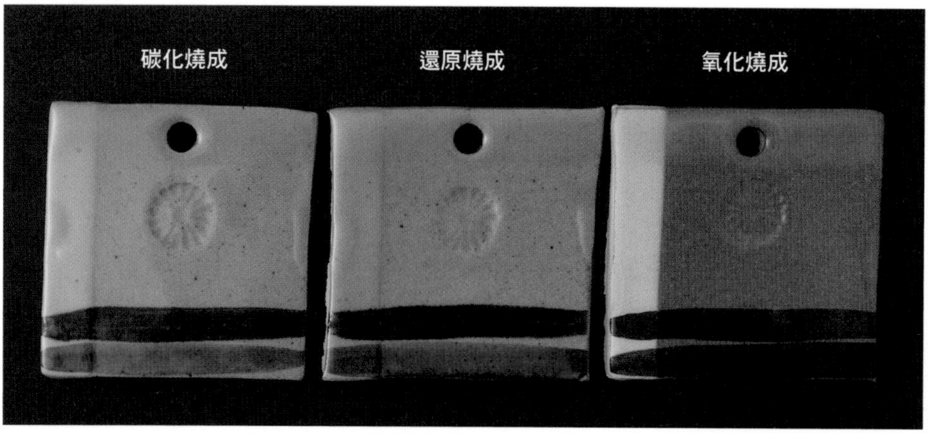

還原燒成與碳化燒成時，雙重施釉的部分呈現較有深度的青色。此外，單層施釉的部分會呈現稍微帶有灰色的淺青色。

在「赤土1號荒目」的施釉範例

【販售業者】精土
【製土法】水簸法
【粒子】40目・2釐米以下的混入物

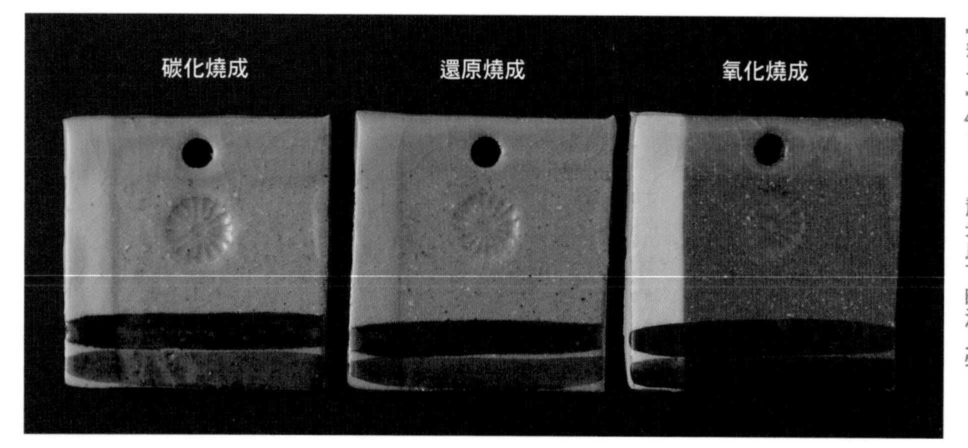

從釉藥的上方也可以看到底下透出素坯中含有的矽長石顆粒及黏土熟料。冰裂較大，還原燒成的單層施釉部分，會呈現斑紋狀的猩紅色。

在「赤土6號」的施釉範例

【販售業者】精土
【製土法】水篩法
【粒子】40目

碳化燒成　還原燒成　氧化燒成

雖然釉調平滑柔順，但受到素坯的含鐵量的影響，整體外觀呈現顏色較深，發色較暗的狀態。任何一種燒成方法的雙重施釉較濃的部分，都會稍微呈現失透感。

在「赤土6號荒目」的施釉範例

【販售業者】精土
【製土法】水篩法
【粒子】40目・2釐米以下的混入物

碳化燒成　還原燒成　氧化燒成

從釉藥的上方也可以清楚看到底下透出的素坯粗糙感。因為色調較深的關係，混入物的矽長石顆粒與黏土熟料等白色顆粒相當顯眼。

在「五斗蒔土（黃）」的施釉範例

【販售業者】SHINRYU
【製土法】水篩法
【粒子】30目

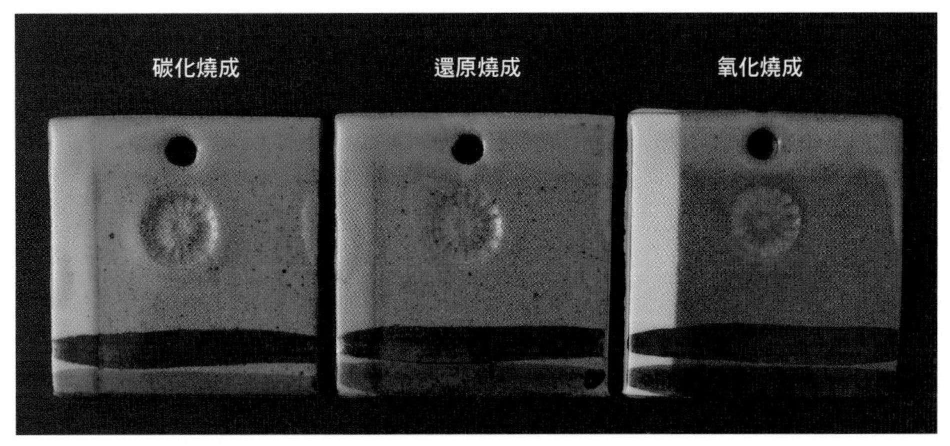

整體外觀呈現發色較暗的狀態，不過也因為素坯的含鐵量相對較少的關係，並不影響青色感。氧化燒成時，雙重施釉的部分會發生氣泡形成白濁。

在「越前黏土（荒目）」的施釉範例

【販售業者】YAMANI FIRST CERAMIC
【製土法】乾式法（敲碎法）
【粒子】10目

雙重施釉的部分會形成相對較大的冰裂。氧化燒成的雙重施釉部分會發生氣泡形成白濁，還原燒成的白化妝土部分，可以觀察到斑紋狀的猩紅色。

在「萩土」的施釉範例

【販售業者】YAMANI FIRST CERAMIC
【製土法】濕式法
【粒子】60目

整體外觀呈現細微的冰裂。素坯的含鐵量較少的關係，還原燒成與碳化燒成的單層施釉部分的青色感較強，氧化燒成時，呈現橙色。

在「唐津土」的施釉範例

【販售業者】YAMANI FIRST CERAMIC
【製土法】水簸法
【粒子】40目

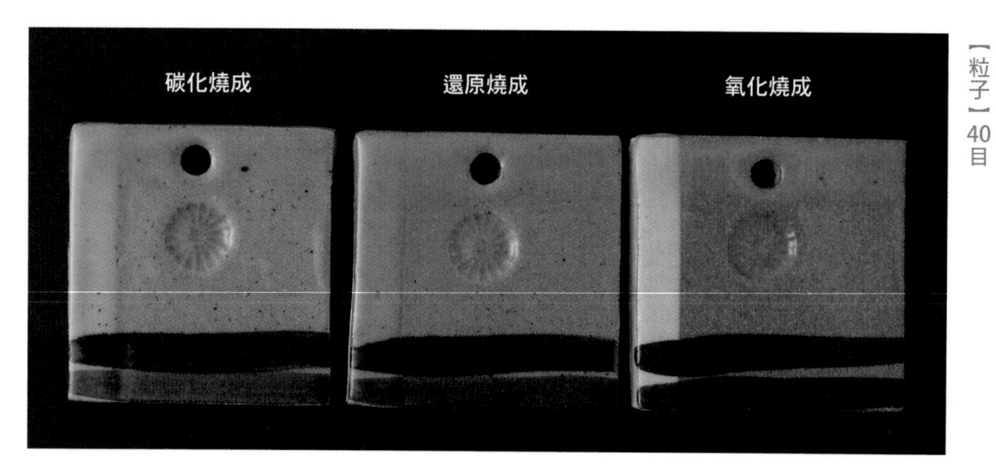

可以觀察到細微地白色斑點，感覺得到素坯含砂量較多的質感。因為含鐵量不多的關係，還原燒成與碳化燒成時，會發色成青色。

在「黑泥」的施釉範例

【販售業者】YAMANI FIRST CERAMIC
【製土法】濕式法
【粒子】60目

碳化燒成　還原燒成　氧化燒成

任何一種燒成方法都會受到素坯的色調影響變成黑色。雙重施釉的部分也不容易呈現青色感，稍微帶點灰色。白化妝土的部分則是發色良好。

在「半瓷土（上）」的施釉範例

【販售業者】YAMANI FIRST CERAMIC
【製土法】濕式法
【粒子】100目

幾乎看不到冰裂，任何一種燒成方法的發色都良好，還原燒成與碳化燒成時，青花的發色較好，顏色深淺一目瞭然。

在「天草白瓷土」的施釉範例

【販售業者】YAMANI FIRST CERAMIC
【製土法】水簸法
【粒子】120目

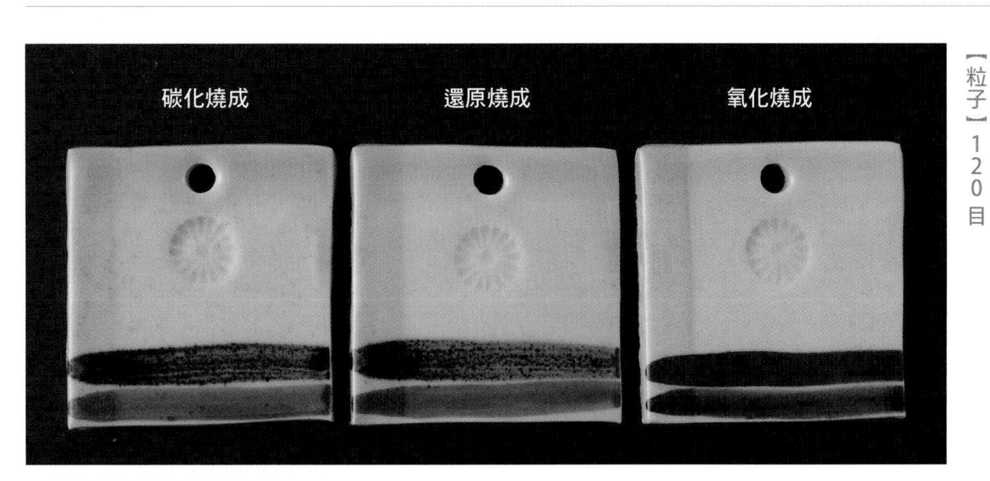

和半瓷土相同，幾乎看不到冰裂，發色良好。還原燒成與碳化燒成時，氧化鐵容易被素坯及釉藥吃進去，呈現出獨特的發色。

「F織部釉」（SHINRYU）的施釉範例

綠色的顏色深淺形成景色

織部釉的名稱，是來自於日本戰國時代後期到江戶時代初期的大名，古田織部。古田織部同時也是知名的茶人，由他所規劃的庭園及建築、茶道具等，被稱為「織部風格」，憑藉著獨自的感性開創出全新的茶道風格。

在古田織部所喜愛的茶道具中，陶器被統稱為「織部燒」。織部燒的種類很多，雖然各式各樣的技法以及表面的裝飾不同，但大多會施釉添加5～10％的銅作為發色劑的綠釉。於是不知不覺的，所有的綠釉都被稱為「織部釉」了。一般為了要發色成綠色，會使用氧化燒成。

SHINRYU的F織部釉在高溫下相對的不易流動，發色也穩定。還原燒成時，厚塗釉的部分容易出現金屬結晶，使得色調稍微素雅一些。碳化燒成時，著色劑的銅會變化為氧化亞銅呈現紅色，外表乾燥，發生大量釉中氣泡。

釉藥的調整

SHINRYU的F織部釉，原本就已經調整成恰到好處的濃度，可以直接使用。

在「信樂水簸土」的施釉範例

【販售業者】丸二陶料
【製土法】水簸法
【粒子】80目

碳化燒成　還原燒成　氧化燒成

氧化燒成與還原燒成時，質感平滑柔順，發色也良好。白化妝土與氧化鐵重疊的部分，鐵分會浮出表面產生銀化。

在「紫香樂黏土」的施釉範例

【販售業者】丸二陶料
【製土法】乾式法（敲碎法）
【粒子】40目

碳化燒成　還原燒成　氧化燒成

素坯的粗糙感在外觀形成恰到好處斑紋狀。氧化燒成時，釉藥較薄的部分稍微呈現黃色，符合織部燒特有的表情。

在「古信樂土（荒）」的施釉範例

【販售業者】丸二陶料
【製土法】乾式法（敲碎法）
【粒子】5釐米以下

黏土的粗糙感形成色調不均，表情豐富，適合用於製作粗獷野趣氣氛的織部燒。

在「篠原土（水簸法）」的施釉範例

【販售業者】SHINRYU
【製土法】水簸法
【粒子】50目

碳化燒成　還原燒成　氧化燒成

氧化燒成時，釉調平滑柔順，給人溫和的印象，釉藥較厚的部分容易呈現白濁，稍微感覺帶著青色。

在「古伊賀土」的施釉範例

【販售業者】YAMANI FIRST CERAMIC
【製土法】乾式法（敲碎法）
【粒子】20目

碳化燒成　還原燒成　氧化燒成

類似古信樂土（荒）的釉調，容易出現顏色不均，表情豐富。釉藥較薄的部分，氧化燒成時會稍微帶黃色感。還原燒成時，青色感變得較強

在「五斗蒔土（白）」的施釉範例

【販售業者】SHINRYU
【製土法】水簸法
【粒子】30目

碳化燒成　還原燒成　氧化燒成

素坯相對細緻，給人溫和的印象。氧化燒成與還原燒成時，釉調平滑柔順，發色也佳。

在「志野艾土（荒目）」的施釉範例

【販售業者】SHINRYU
【製土法】乾式法（敲碎法）
【粒子】30目

碳化燒成　還原燒成　氧化燒成

氧化燒成與還原燒成時，整體外觀呈現出較穩重的釉調。與五斗蒔土（ 白）雖然相似，但這裏的顏色不均較多，表情更加豐富

在「仁清土」的施釉範例

【販售業者】YAMANI FIRST CERAMIC
【製土法】濕式法
【粒子】１００目

氧化燒成與還原燒成時，素坯的細緻質地如實呈現，形成平滑柔順的釉調。氧化燒成時，釉藥較薄的部分會呈現黃色。

在「赤津貫入土」的施釉範例

【販售業者】SHINRYU
【製土法】濕式法
【粒子】１００目

氧化燒成與還原燒成時，單層施釉的部分容易呈現出明亮的綠色。此外，釉藥較濃部分與較薄部分之間的色彩明暗差異大。

在「白御影土荒目」的施釉範例

【販售業者】精土
【製土法】水簸法
【粒子】60目＋2.5釐米以下的混入物

碳化燒成　還原燒成　氧化燒成

氧化燒成與還原燒成時，顏色不均較多，表情豐富。任何一種燒成方法都會出現含鐵礦物造成的黑色斑點。

在「赤土1號」的施釉範例

【販售業者】精土
【製土法】水簸法
【粒子】40目

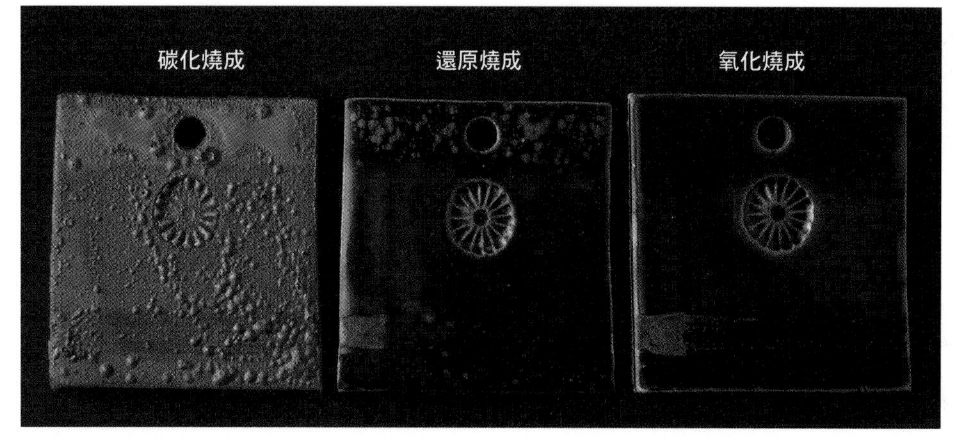

氧化燒成與還原燒成時，整體外觀呈現平滑柔順的釉調。受到素坯含鐵量的影響，發色較素雅，但並不減損織部燒的風味。

在「赤土1號荒目」的施釉範例

【販售業者】精土
【製土法】水簸法
【粒子】40目・2釐米以下的混入物

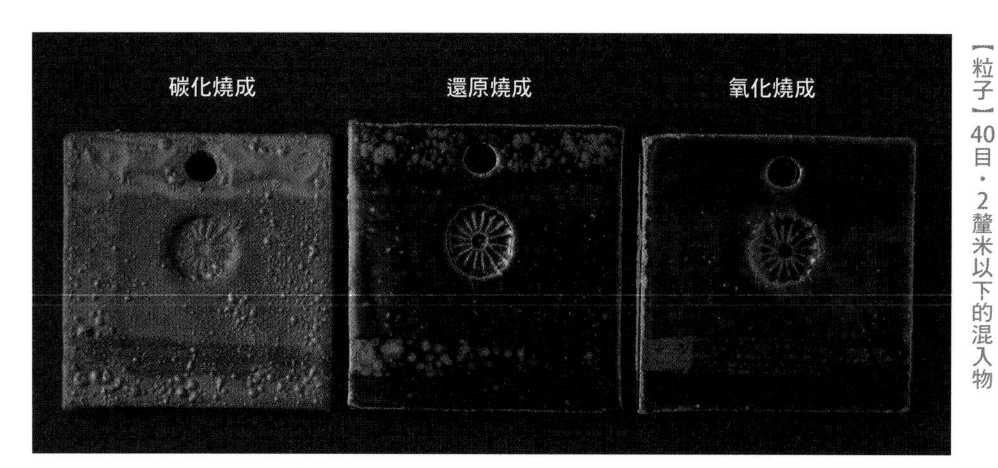

氧化燒成與還原燒成時，發色較為素雅。素坯的粗糙感所造成的凹凸，容易形成顏色不均，使得表情更為豐富。

在「赤土6號」的施釉範例

【販售業者】精土
【製土法】水簸法
【粒子】40目

碳化燒成　還原燒成　氧化燒成

因為素坯含鐵量較多的關係，發色不佳，只有白化妝土的部分會呈現綠色。還原燒成時，受到含鐵量的影響，會出現如隕石坑形狀的釉中氣泡（註：參考第 175 頁）。

在「赤土6號荒目」的施釉範例

【販售業者】精土
【製土法】水簸法
【粒子】40目・2釐米以下的混入物

因為素坯的含鐵量較多的關係，發色不佳，整體外觀呈現黑色。還原燒成時，會出現如同隕石坑形狀的釉中氣泡。

在「五斗蒔土（黃）」的施釉範例

【販售業者】SHINRYU
【製土法】水簸法
【粒子】30目

氧化燒成與還原燒成時，受到素坯含鐵量的影響，會變成黑色，不過仍保留些微的綠色。釉調平滑柔順。

在「越前黏土（荒目）」的施釉範例

【販售業者】YAMANI FIRST CERAMIC
【製土法】乾式法（敲碎法）
【粒子】10目

碳化燒成　還原燒成　氧化燒成

氧化燒成與還原燒成時，發色成較暗的綠色。黏土的粗糙感形成表情顯露於外觀，富有野趣的氣氛。

在「萩土」的施釉範例

【販售業者】YAMANI FIRST CERAMIC
【製土法】濕式法
【粒子】60目

碳化燒成　還原燒成　氧化燒成

氧化燒成與還原燒成時，釉調平滑柔順。因為素坯的含鐵量較少的關係，不會變為黑色，而是發色成深綠色。

在「唐津土」的施釉範例

【販售業者】YAMANI FIRST CERAMIC
【製土法】水簸法
【粒子】40目

碳化燒成　還原燒成　氧化燒成

氧化燒成與還原燒成時，發色為較素雅的綠色。黏土的適度的粗糙感，顯現成恰到好處的顏色不均，表情豐富。

在「黑泥」的施釉範例

【販售業者】YAMANI FIRST CERAMIC
【製土法】濕式法
【粒子】60目

氧化燒成與還原燒成時，雖然因為受到素坯的影響而變成黑色，但只有白化妝土的部分發色成綠色。釉調平滑柔順，具有光澤。

在「半瓷土（上）」的施釉範例

【販售業者】YAMANI FIRST CERAMIC
【製土法】濕式法
【粒子】100目

氧化燒成及還原燒成時，單層施釉的部分容易呈現明亮的綠色。釉藥較濃部分與較薄部分之間的明暗差異大。

在「天草白瓷土」的施釉範例

【販售業者】YAMANI FIRST CERAMIC
【製土法】水簸法
【粒子】120目

與半瓷土相同，氧化燒成與還原燒成時，單層施釉的部分容易呈現明亮的綠色。釉調非常平滑柔順，具有光澤。

「土耳其青釉」（SHINRYU）的施釉範例

波斯陶器為源流的鮮明青釉

土耳其青釉的歷史極為久遠，可以追溯到古埃及和中亞地區所燒製的波斯陶器。雖然是與「織部釉」同樣使用銅作為發色劑的釉藥，相對於織部釉以土灰（主成分為鈣質）為助熔劑（註：參考第175頁），在基礎釉添加5～10%的銅；土耳其青釉為了要發色成明亮的青色，主要是以鉀為助熔劑，在基礎釉添加2～3%的銅調合而成。

本來波斯陶器是低溫的軟陶，而土耳其青釉也是低溫釉，但在日本市售的土耳其青釉大多調合成可以在1200℃以上燒成。

此外，考量到釉藥容易流動的因素，通常會在1200℃前後燒成，但SHINRYU將土耳其青釉調合成可以與一般的本燒同樣使用1250℃前後的高溫進行燒成。

釉藥的調整

SHINRYU的土耳其青釉，原本就已經調整成恰到好處的濃度，可以直接使用。

在「信樂水簸土」的施釉範例

【販售業者】丸二陶料
【製土法】水簸法
【粒子】80目

碳化燒成 還原燒成 氧化燒成

氧化燒成時，呈現明亮的水藍色，可能是燒成溫度稍微偏低的關係，雙重施釉的部分會留下隕石坑形狀的痕跡。還原燒成時，會出現帶紅色感的斑紋。

在「紫香樂黏土」的施釉範例

【販售業者】丸二陶料
【製土法】乾式法（敲碎法）
【粒子】40目

碳化燒成 還原燒成 氧化燒成

還原燒成的氧化鐵部分發色成偏綠色。碳化燒成時，發色劑的銅會發生變化，呈現出稍暗的胭脂色。

在「古信樂土（荒）」的施釉範例

【販售業者】丸二陶料
【製土法】乾式法（敲碎法）
【粒子】5釐米以下

還原燒成時，可以清楚看到素坯的粗獷程度。雙重施釉較濃的部分會呈現水藍色，但其他部分則會呈現帶紅色感的斑紋。

在「篠原土（水簸法）」的施釉範例

【販售業者】SHINRYU
【製土法】水簸法
【粒子】50目

任何一種燒成方法的消光感都很強，釉面呈現光澤消失的狀態。還原燒成時，青色感相對的強，可以觀察到整體外觀出現細微的白斑點。

在「古伊賀土」的施釉範例

【販售業者】YAMANI FIRST CERAMIC
【製土法】乾式法（敲碎法）
【粒子】20目

外觀雖然會出現素坯中含有的矽長石顆粒，但並不讓人感到粗獷。還原燒成時，呈現稍微帶紅色感的斑紋。

在「五斗蒔土（白）」的施釉範例

【販售業者】SHINRYU
【製土法】水簸法
【粒子】30目

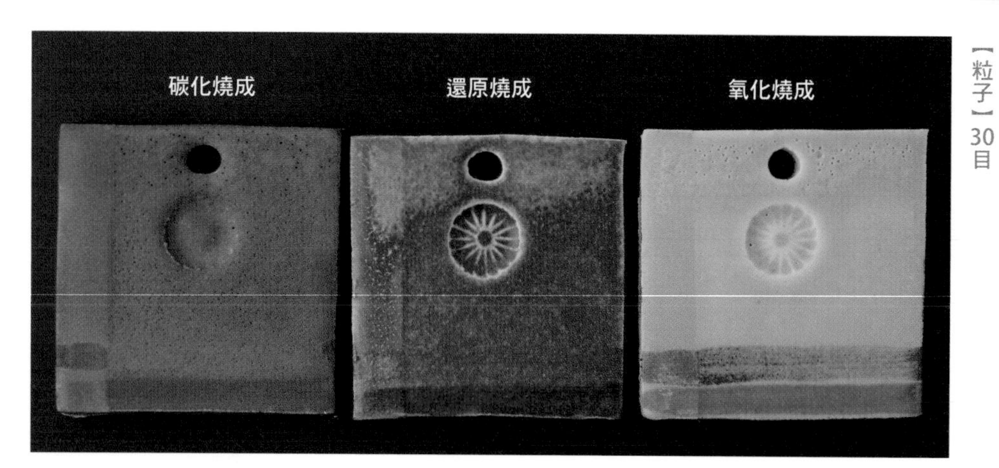

氧化燒成與碳化燒成時，消光感強烈，釉面呈現光澤消失的狀態。還原燒成時，釉藥熔化，單層施釉的部分會呈現穿透性。

在「志野艾土（荒目）」的施釉範例

【販售業者】SHINRYU
【製土法】乾式法（敲碎法）
【粒子】30目

碳化燒成　還原燒成　氧化燒成

氧化燒成與碳化燒成時，整體釉調均勻，消光感強烈，幾乎沒有觀察到釉藥濃度所造成的色調的變化以及顏色深淺。

在「仁清土」的施釉範例

【販售業者】YAMANI FIRST CERAMIC
【製土法】濕式法
【粒子】100目

碳化燒成　還原燒成　氧化燒成

還原燒成時，沒有紅色感，單層施釉的部分呈現稍微帶綠色感的青色。碳化燒成時，整體外觀發色成偏黑色。

在「赤津貫入土」的施釉範例

【販售業者】SHINRYU
【製土法】濕式法
【粒子】100目

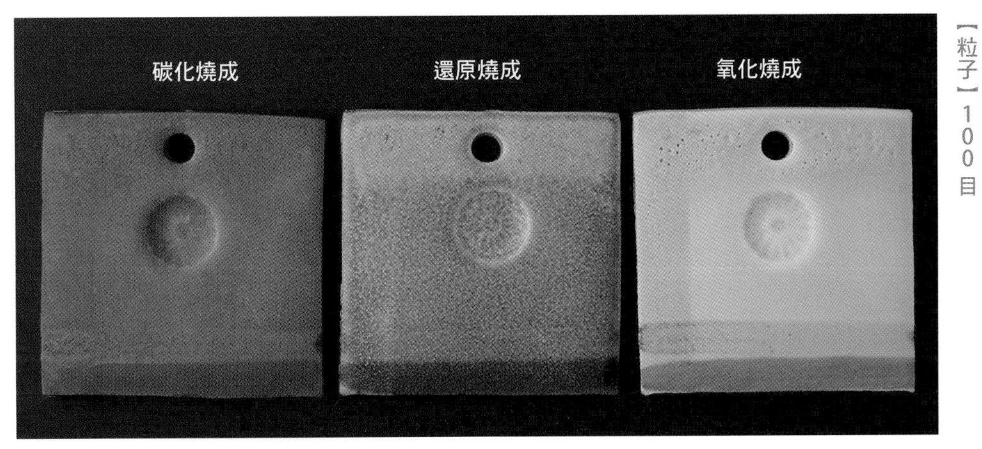

還原燒成時，可以觀察到整體出現結晶所造成的細微白色斑點。碳化燒成時，雖然偏黑色，但青花的部分呈現發色良好的胭脂色。

在「白御影土荒目」的施釉範例

【販售業者】精土
【製土法】水簸法
【粒子】60目＋2.5釐米以下的混入物

碳化燒成　還原燒成　氧化燒成

各種燒成方法都會出現素坯的含鐵礦物造成的黑色斑點，不過在氧化燒成時，斑點較小。還原燒成與碳化燒成時，斑點較大，而且會形成銀化。

在「赤土1號」的施釉範例

【販售業者】精土
【製土法】水簸法
【粒子】40目

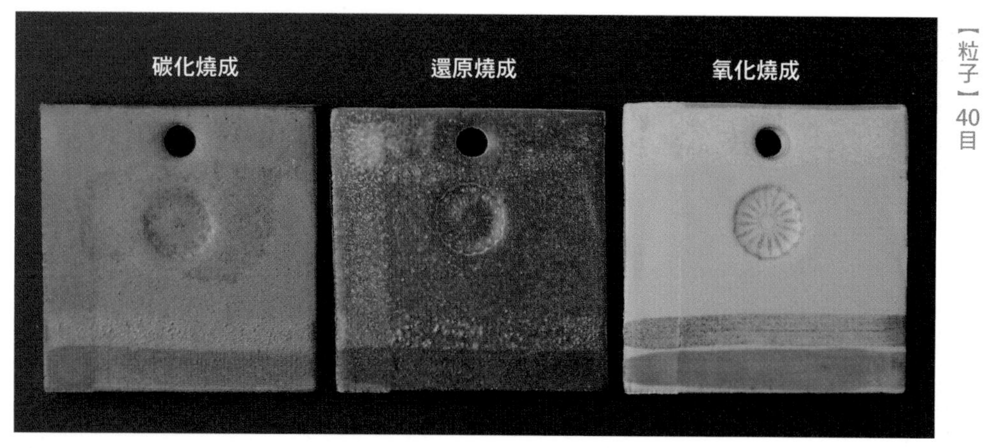

受到素坯的含鐵量影響，整體的發色較差。氧化燒成時，呈現有些混濁的水藍色。還原燒成的單層施釉部分，呈現出茶色系的斑紋。

在「赤土1號荒目」的施釉範例

【販售業者】精土
【製土法】水簸法
【粒子】40目．2釐米以下的混入物

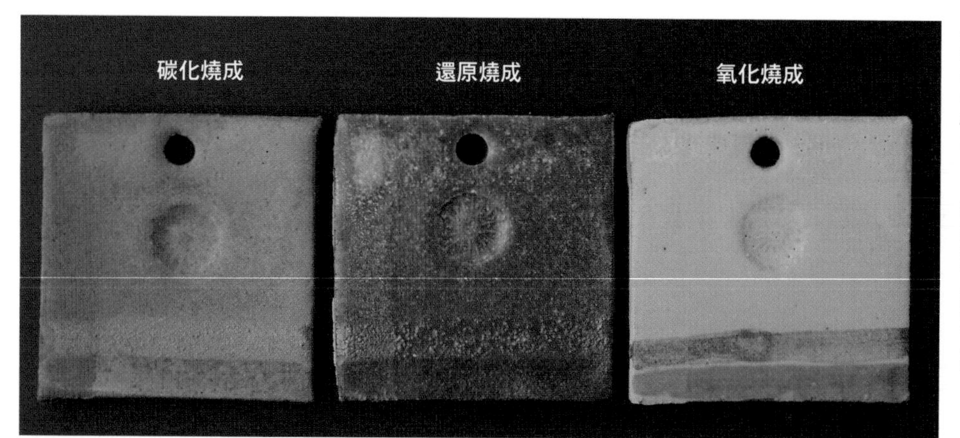

還原燒成時，素坯的粗糙感會以顏色不均的方式呈現出來。其他燒成方法雖然消光感強烈，但素坯的粗糙感不會被強調出來。

在「赤土6號」的施釉範例

【販售業者】精土
【製土法】水簸法
【粒子】40目

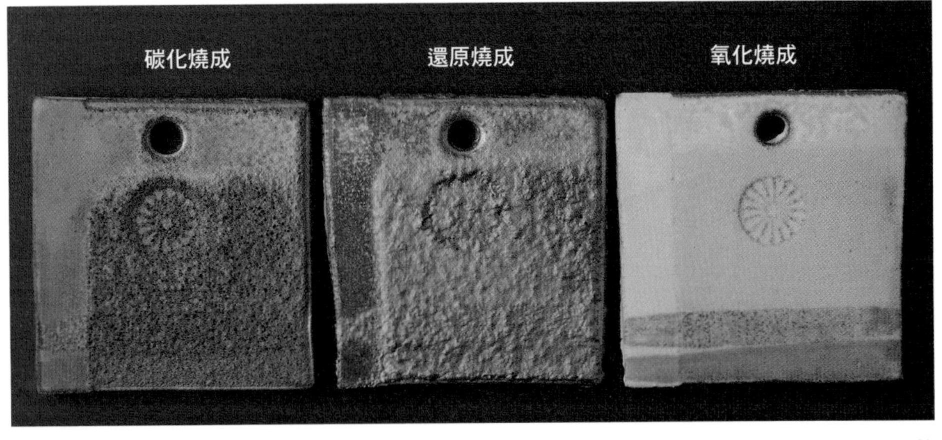

因為素坯的含鐵量較多的關係，還原燒成與碳化燒成時，整體都會發生釉中氣泡及細小孔洞，整體的發色不佳。

在「赤土6號荒目」的施釉範例

【販售業者】精土
【製土法】水簸法
【粒子】40目．2釐米以下的混入物

與「赤土 6 號」相同，受到素坯的含鐵量影響，還原燒成與碳化燒成時，整體會發生釉中氣泡變成黑色。氧化燒成時，顏色不均較多。

在「五斗蒔土（黃）」的施釉範例

【販售業者】SHINRYU
【製土法】水簸法
【粒子】30目

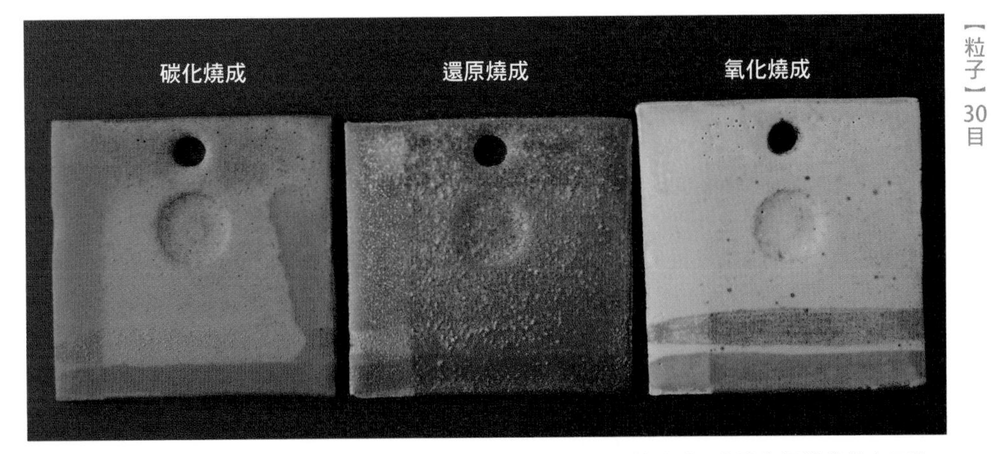

氧化燒成時，素坯含有的含鐵礦物會形成細小的黑色斑點。還原燒成時，會發生細微的釉中氣泡。

在「越前黏土（荒目）」的施釉範例

【販售業者】YAMANI FIRST CERAMIC
【製土法】乾式法（敲碎法）
【粒子】10目

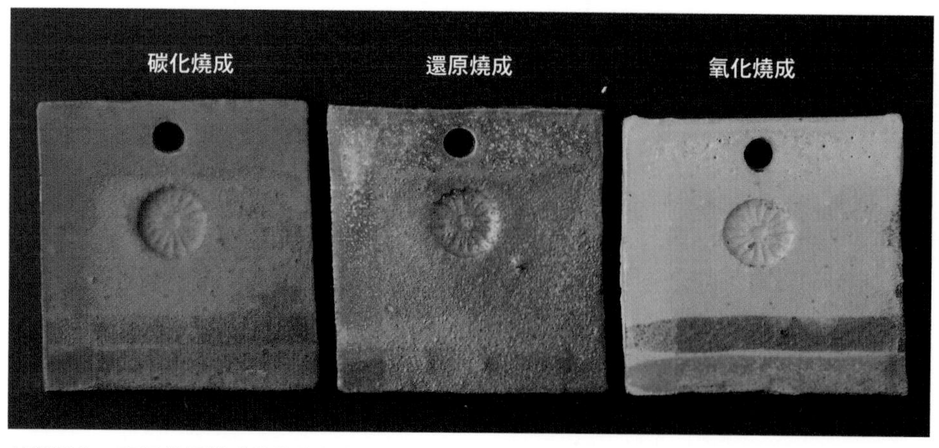

外觀凹凸，素坯的粗糙感從釉藥上方也看得出來。還原燒成時，釉面形成梨皮紋般的細微收縮。碳化燒成時，呈現黑色。

在「萩土」的施釉範例

【販售業者】YAMANI FIRST CERAMIC
【製土法】濕式法
【粒子】60目

因為素坯的含鐵量較少，氧化燒成時，呈現相對明亮的水藍色。還原燒成時，細微結晶的白色斑點覆蓋在整個外觀。

在「唐津土」的施釉範例

【販售業者】YAMANI FIRST CERAMIC
【製土法】水簸法
【粒子】40目

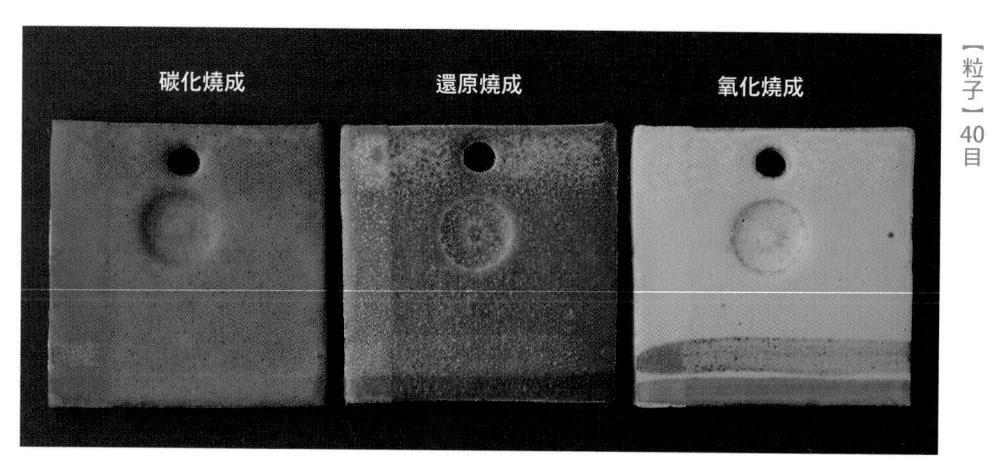

還原燒成時，受到釉藥含有的銅的影響，部分發色成茶紅色，也因此，整體外觀呈現帶有青色感與紅色感的斑紋狀。

在「黑泥」的施釉範例

【販售業者】YAMANI FIRST CERAMIC
【製土法】濕式法
【粒子】60目

碳化燒成　還原燒成　氧化燒成

雖然整體外觀看不見素坯的黑色調，但釉藥極薄的轉角部位還是會呈現黑色。碳化燒成時，會發生細微的釉中氣泡。

在「半瓷土（上）」的施釉範例

【販售業者】YAMANI FIRST CERAMIC
【製土法】濕式法
【粒子】100目

碳化燒成　還原燒成　氧化燒成

氧化燒成時，呈現明亮的水藍色。還原燒成的單層施釉部分，雖然會發色成紅色的斑紋狀，但釉藥較濃的部分，以及白化妝土的部分則青色感較多。

在「天草白瓷土」的施釉範例

【販售業者】YAMANI FIRST CERAMIC
【製土法】水簸法
【粒子】120目

碳化燒成　還原燒成　氧化燒成

相較於「半瓷土」，釉藥施釉較厚的關係，氧化燒成與還原燒成時，整體外觀呈現強烈的青色感。碳化燒成時，則呈現黑色。

「青銅結晶釉」（SHINRYU）的施釉範例

重現青銅器氣氛的釉藥

青銅結晶釉的名稱由來即是「青銅」（銅與錫的合金）。由青銅製作而成的青銅器，早在紀元前3500年左右的埃及、美索不達米亞就已經普遍使用。流傳至日本的時間，據說是在紀元前200年左右的彌生時代。青銅器本來是閃耀著如同日圓全新10圓硬幣一般的黃金色，在空氣中氧化之後，表面出現一層碳酸鹽而變化成青綠色。這種暗淡的青綠色就稱為「青銅色」。

調合青銅結晶釉時，會添加2～5%被稱為青銅色素的「碳酸銅」作為著色金屬。此外，基礎的結晶釉，會添加鹼類或鈦作為結晶劑。因為含鋁量的關係，呈現出消光的釉調。

由於釉藥的微妙濃度差異，以及結晶作用和銅的發色會形成複雜的變化，使得表情豐富。

釉藥的調整

SHINRYU 的青銅結晶釉，原本就已經調整成恰到好處的濃度，可以直接使用。

在「信樂水簸土」的施釉範例

【販售業者】丸二陶料
【製土法】水簸法
【粒子】80目

碳化燒成　還原燒成　氧化燒成

氧化燒成與還原燒成的單層施釉部分，呈現淡綠色，不過雙重施釉的部分及釉藥較濃的部分，銅的成分會容易析出成黑色。碳化燒成時，銅的成分會變化成胭脂色。

在「紫香樂黏土」的施釉範例

【販售業者】丸二陶料
【製土法】乾式法（敲碎法）
【粒子】40目

氧化燒成時，黏土的粗糙感會造成微妙的顏色不均。碳化燒成時，會與爐內含碳量過度反應，使一部分的釉面變白，外表乾燥。

在「古信樂土（荒）」的施釉範例

【販售業者】丸二陶料
【製土法】乾式法（敲碎法）
【粒子】5釐米以下

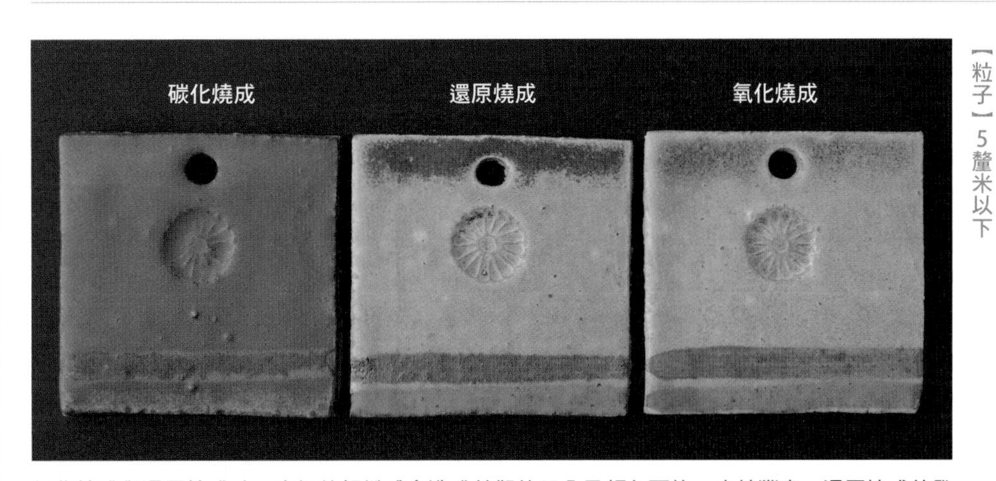

氧化燒成與還原燒成時，素坯的粗糙感會造成外觀的凹凸及顏色不均，表情豐富。還原燒成的發色不佳，稍微帶著綠色感。

在「篠原土（水簸法）」的施釉範例

【販售業者】SHINRYU
【製土法】水簸法
【粒子】50目

碳化燒成　還原燒成　氧化燒成

氧化燒成時，單層施釉的部分會呈現淡綠色。還原燒成時，釉藥較濃的部分會因為銅的成分析出變成黑色。

在「古伊賀土」的施釉範例

【販售業者】YAMANI FIRST CERAMIC
【製土法】乾式法（敲碎法）
【粒子】20目

碳化燒成　還原燒成　氧化燒成

任何一種燒成方法都可以從釉藥的上方感覺到素坯的粗糙感。整體外觀呈現微妙的顏色不均，發色顯得較素雅。

在「五斗蒔土（白）」的施釉範例

【販售業者】SHINRYU
【製土法】水簸法
【粒子】30目

碳化燒成　還原燒成　氧化燒成

氧化燒成時，結晶所造成的白色小斑點會覆蓋整個外觀。任何一種燒成方法的青花都發色不佳，呈現黑褐色。

在「志野艾土（荒目）」的施釉範例

【販售業者】SHINRYU
【製土法】乾式法（敲碎法）
【粒子】30目

碳化燒成 還原燒成 氧化燒成

氧化燒成時，出現結晶的白色小斑點，消光感強烈。還原燒成時，整體出現銅的黑色斑點析出，呈現斑紋狀。

在「仁清土」的施釉範例

【販售業者】YAMANI FIRST CERAMIC
【製土法】濕式法
【粒子】100目

氧化燒成時，整體外觀呈現黑色暗沉，發色不佳。還原燒成的發色較良好。碳化燒成時，呈現胭脂色，氧化鐵的部分出現銀化。

在「赤津貫入土」的施釉範例

【販售業者】SHINRYU
【製土法】濕式法
【粒子】100目

氧化燒成的青花部分呈現出些微的青色感。還原燒成時， 整體因為銅的成分析出而變成黑色。

在「白御影土荒目」的施釉範例

【販售業者】精土
【製土法】水篩法
【粒子】60目＋2.5釐米以下的混入物

碳化燒成　還原燒成　氧化燒成

還原燒成與碳化燒成時，素坯含有的含鐵礦物會形成較大的黑色斑點。氧化燒成時，呈現顏色不均，表情豐富。

在「赤土1號」的施釉範例

【販售業者】精土
【製土法】水篩法
【粒子】40目

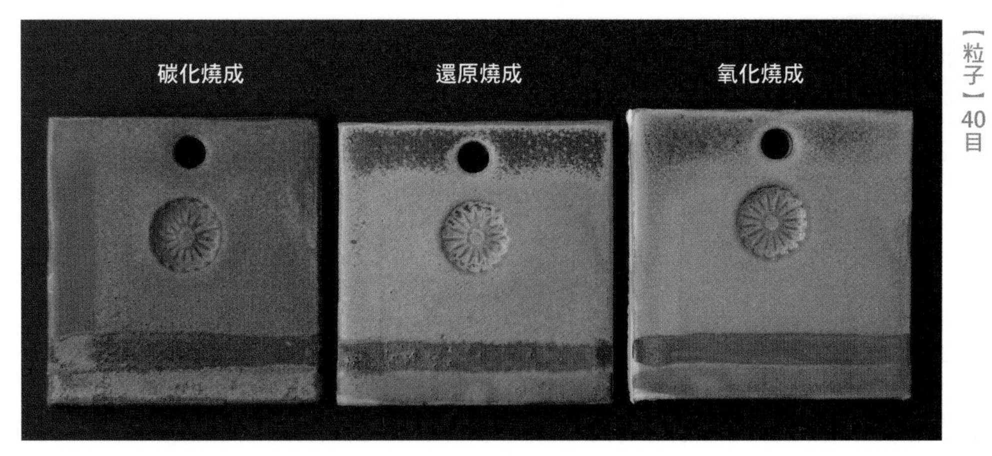

氧化燒成與還原燒成時，受到素坯的含鐵量影響，帶著茶色感。碳化燒成時，釉藥的濃淡差異會形成色調的深淺變化。

在「赤土1號荒目」的施釉範例

【販售業者】精土
【製土法】水篩法
【粒子】40目・2釐米以下的混入物

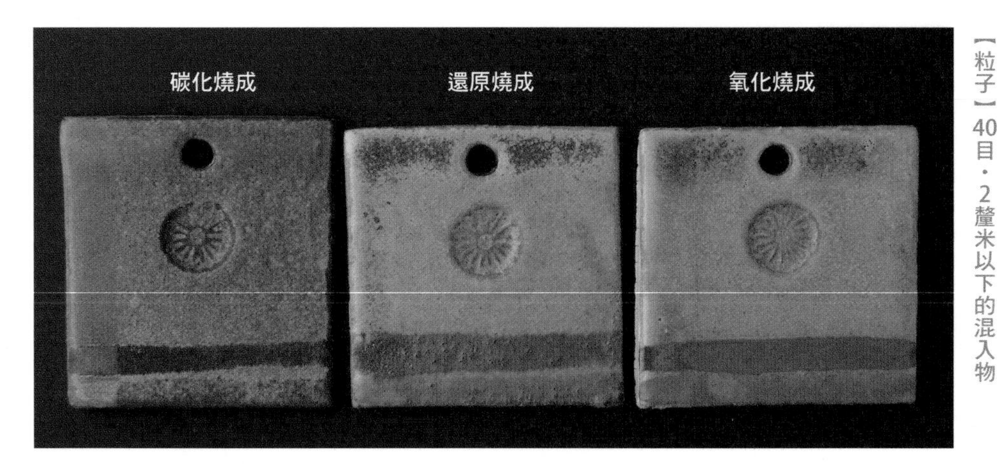

素坯的粗糙感形成外觀的凹凸，從釉藥上方也可以看得很清楚。任何一種燒成方法都會出現較多的顏色不均，饒富變化。

在「赤土6號」的施釉範例

【販售業者】精土
【製土法】水簸法
【粒子】40目

碳化燒成 還原燒成 氧化燒成

因為素坯的含鐵量高的關係，還原燒成與碳化燒成時，整體會出現釉中氣泡（註：參考第 175 頁）及細小孔洞，使外觀變得粗糙。氧化燒成與還原燒成時，單層施釉的部分會發色成茶色。

在「赤土6號荒目」的施釉範例

【販售業者】精土
【製土法】水簸法
【粒子】40目・2釐米以下的混入物

碳化燒成 還原燒成 氧化燒成

與「赤土 6 號」相同，還原燒成與碳化燒成時，受到素坯的含鐵量影響，會發生釉中氣泡，釉面變得粗獷。特別是氧化鐵部分，因為含鐵量過多的關係，容易發生較多釉中氣泡。

在「五斗蒔土（黃）」的施釉範例

【販售業者】SHINRYU
【製土法】水簸法
【粒子】30目

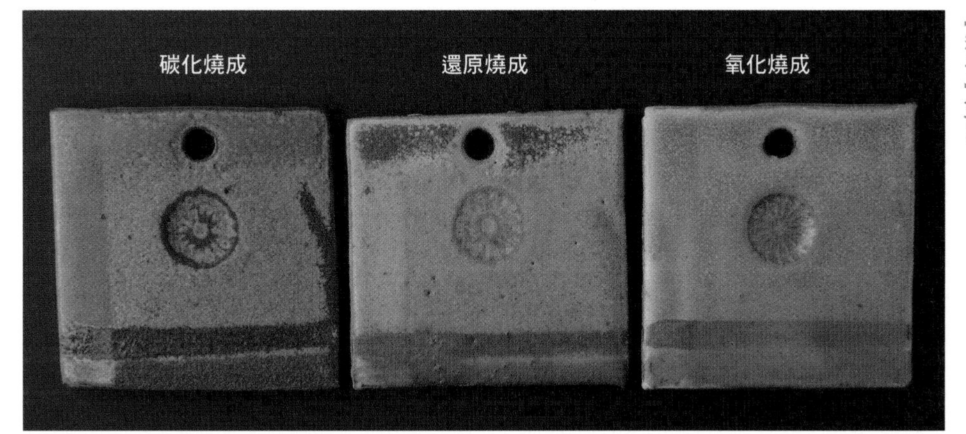

氧化燒成與還原燒成時，受到素坯的含鐵量影響，呈現偏茶色。氧化燒成時，細微的白色結晶較多，覆蓋在釉面形成斑紋狀。

在「越前黏土（荒目）」的施釉範例

【販售業者】YAMANI FIRST CERAMIC
【製土法】乾式法（敲碎法）
【粒子】10目

碳化燒成　還原燒成　氧化燒成

任何燒成方法都會出現素坯含有的矽長石顆粒形成的隆起，並且含鐵礦物會形成黑色斑點，表情饒富變化。

在「萩土」的施釉範例

【販售業者】YAMANI FIRST CERAMIC
【製土法】濕式法
【粒子】60目

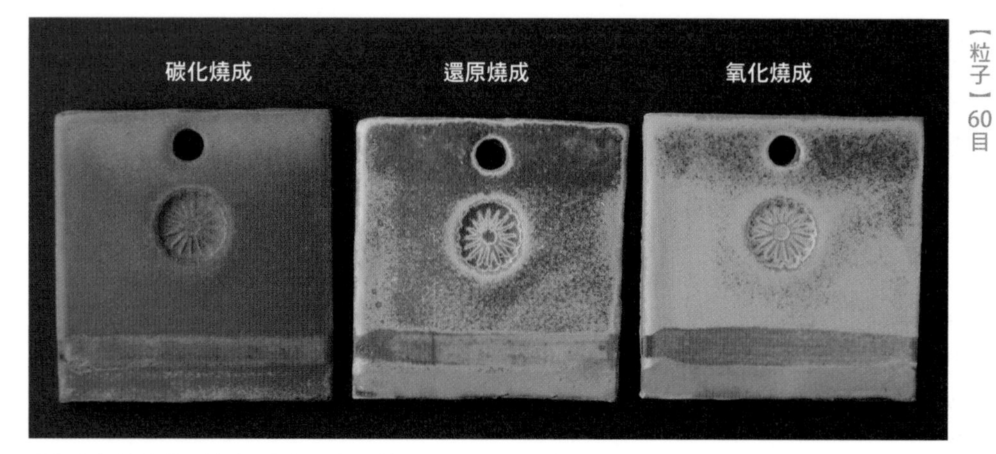

因為素坯的含鐵量較少的關係，氧化燒成時，發色相對鮮明。還原燒成時，可以看到較多銅的成分析出成為黑色。

在「唐津土」的施釉範例

【販售業者】YAMANI FIRST CERAMIC
【製土法】水簸法
【粒子】40目

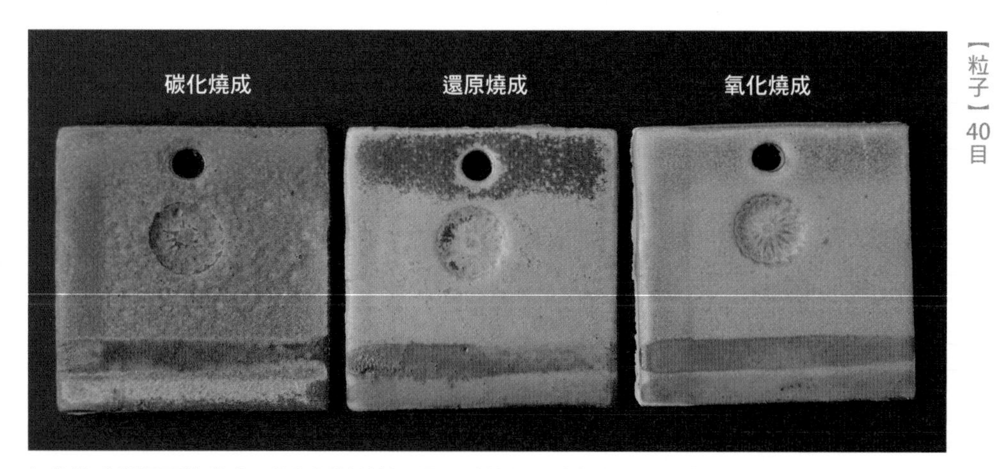

氧化燒成與還原燒成時，發色相對較佳，呈現淡綠色。碳化燒成時，會發生些微的釉中氣泡，形成如柚皮狀的粗糙外觀。

在「黑泥」的施釉範例

【販售業者】YAMANI FIRST CERAMIC
【製土法】濕式法
【粒子】60目

碳化燒成　還原燒成　氧化燒成

氧化燒成與還原燒成時，單層施釉的部分彩度較低，稍微呈現茶色。碳化燒成的雙重施釉與白化妝土部分，容易呈現胭脂色。

在「半瓷土（上）」的施釉範例

【販售業者】YAMANI FIRST CERAMIC
【製土法】濕式法
【粒子】100目

氧化燒成時，釉藥較濃的部分雖然會稍微顯的暗沉，但相對發色良好。還原燒成時，銅會析出成為黑色。碳化燒成時，整體呈現均勻的胭脂色。

在「天草白瓷土」的施釉範例

【販售業者】YAMANI FIRST CERAMIC
【製土法】水簸法
【粒子】120目

氧化燒成與還原燒成時，雙重施釉的部分會因為銅的析出而呈現黑色。氧化燒成的單層施釉部分，相對發色良好。碳化燒成時，發色稍微顯得暗沉。

「均窯釉」（SHINRYU）的施釉範例

以藁白系為基礎釉的銅釉

「均窯」的歷史始於1100年代，中國金代・宋代。是因為在當時被稱為均州的河南省禹州市的瓷窯燒製而得名。例如施釉具有青色感的失透白釉（月白釉）的作品；進一步添加銅而呈現出紅斑點的作品；整體發色青～紫色調的作品，諸如此類的作風統稱為均窯。

現在市售的均窯釉多為與「織部釉」及「青銅結晶釉」相同，使用銅作為著色金屬的釉藥。然而相對於織部釉與青銅結晶釉的基礎釉分別使用透明釉系、結晶釉系，均窯釉的基礎釉使用的是「乳白系」的白濁釉。然後再添加1～2％的銅作為著色劑。氧化燒成時，呈現淺青綠色；還原燒成時，變化為淺紫色。乳白系特有的輕盈白濁感與色調混合之後，形成獨特且具幻想風格釉調。

釉藥的調整

SHINRYU的均窯釉，原本就已經調整成恰到好處的濃度，可以直接使用。

在「信樂水簸土」的施釉範例

【販售業者】丸二陶料
【製土法】水簸法
【粒子】80目

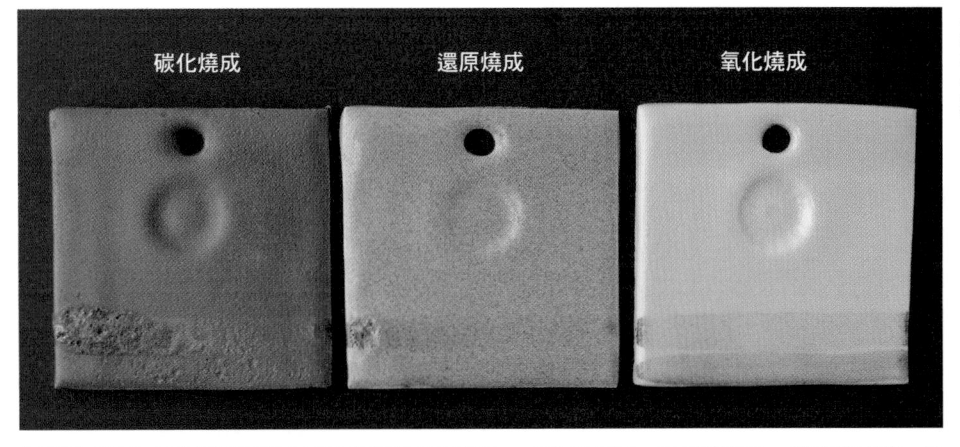

每種燒成方法都會讓釉藥所含有的銅發生不同變化。氧化燒成時，呈現淺綠色。還原燒成時，呈現略帶斑紋狀的淺紫藍色。碳化燒成時，呈現胭脂色。

在「紫香樂黏土」的施釉範例

【販售業者】丸二陶料
【製土法】乾式法（敲碎法）
【粒子】40目

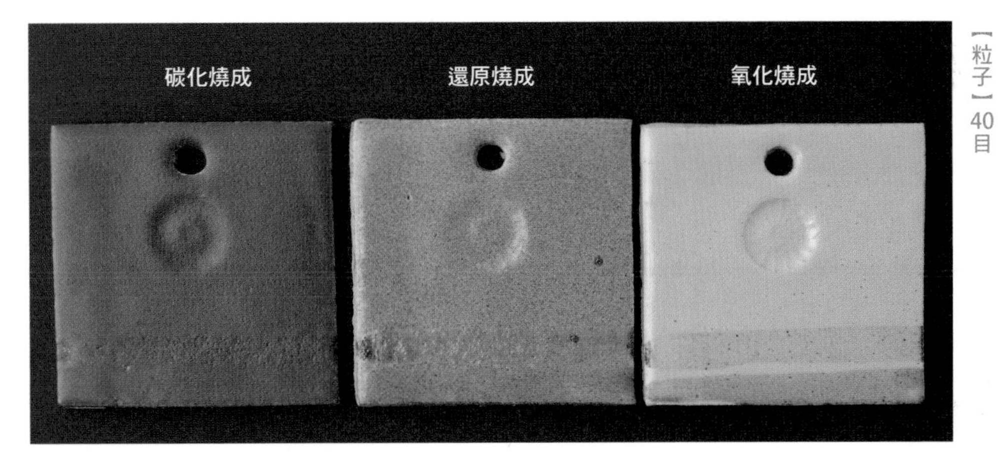

因為釉藥稍厚的關係，不容易觀察到素坯的土味。任何一種燒成方法的氧化鐵部分，都容易形成較小的細小孔洞。

在「古信樂土（荒）」的施釉範例

【販售業者】丸二陶料
【製土法】乾式法（敲碎法）
【粒子】5釐米以下

從釉藥的上方看不出素坯當中包含的矽長石顆粒。任何一種燒成方法都呈現整體外觀均勻的色調與釉調。

在「篠原土（水簸法）」的施釉範例

【販售業者】SHINRYU
【製土法】水簸法
【粒子】50目

碳化燒成　還原燒成　氧化燒成

氧化燒成與還原燒成時，釉調稍微呈現光澤，平滑柔順。碳化燒成時，因為含碳量的影響，釉面會顯得粗糙乾燥。

在「古伊賀土」的施釉範例

【販售業者】YAMANI FIRST CERAMIC
【製土法】乾式法（敲碎法）
【粒子】20目

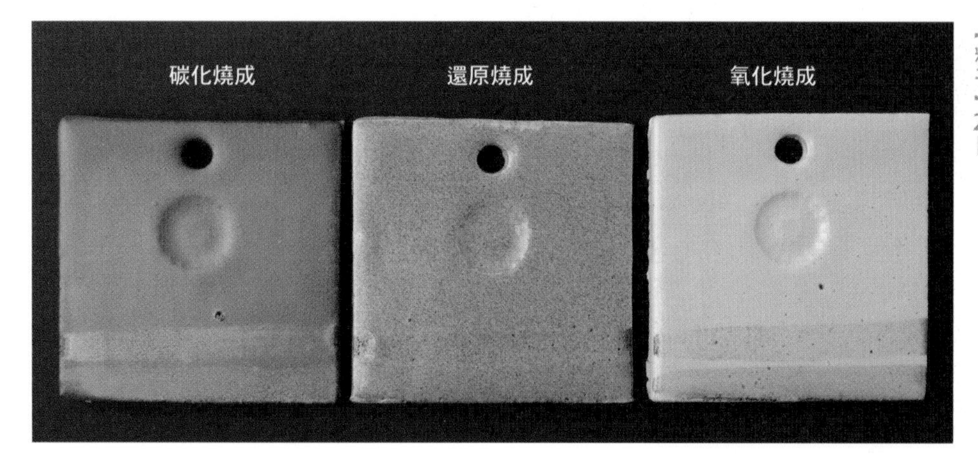

任何一種燒成方法都幾乎感覺不到素坯的粗糙感。氧化燒成時，可以穿透乳白系特有白濁感，看見底層釉下彩的氧化鐵與青花。

在「五斗蒔土（白）」的施釉範例

【販售業者】SHINRYU
【製土法】水簸法
【粒子】30目

碳化燒成　還原燒成　氧化燒成

任何一種燒成方法幾乎都沒有出現因為釉藥的濃淡所造成的顏色深淺變化。還原燒成時，青系與紫系的細微粒子混在一起呈現出斑紋狀。

在「志野艾土（荒目）」的施釉範例

【販售業者】SHINRYU
【製土法】乾式法（敲碎法）
【粒子】30目

碳化燒成　還原燒成　氧化燒成

氧化燒成與還原燒成時，整體外觀呈現平滑柔順的釉調，色調也顯得溫和。碳化燒成時，光澤感會消失，失透感也強烈。

在「仁清土」的施釉範例

【販售業者】YAMANI FIRST CERAMIC
【製土法】濕式法
【粒子】100目

碳化燒成　還原燒成　氧化燒成

任何一種燒成方法幾乎都不太會有因為釉藥的濃淡所造成的顏色深淺變化。每一種燒成方法都各自發出漂亮的顏色。

在「赤津貫入土」的施釉範例

【販售業者】SHINRYU
【製土法】濕式法
【粒子】100目

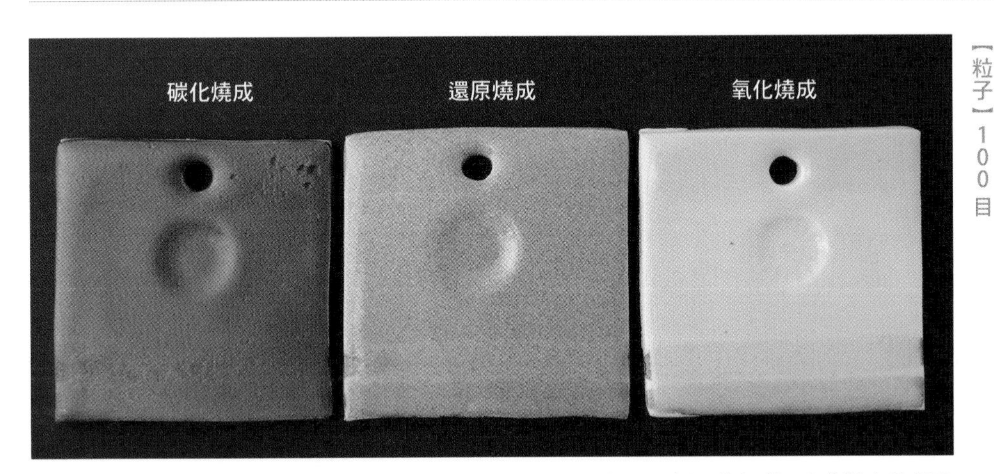

因為是白色素坯的關係，釉藥發色較佳，任何一種燒成方法都呈現鮮明的色彩。白化妝土的部分也沒有觀察到色調與質感的變化。

在「白御影土荒目」的施釉範例

【販售業者】精土
【製土法】水簸法
【粒子】60目＋2.5釐米以下的混入物

碳化燒成　還原燒成　氧化燒成

還原燒成與碳化燒成時，素坯含有的含鐵礦物會形成隕石坑形狀的黑色斑點。此外，碳化燒成的氧化鐵會出現釉中氣泡（註：參考第 175 頁）。

在「赤土1號」的施釉範例

【販售業者】精土
【製土法】水簸法
【粒子】40目

碳化燒成　還原燒成　氧化燒成

素坯的含鐵量較少，影響不大，任何一種燒成方法的發色都良好。特別是碳化燒成的胭脂色彩度也顯得較高。

在「赤土1號荒目」的施釉範例

【販售業者】精土
【製土法】水簸法
【粒子】40目・2釐米以下的混入物

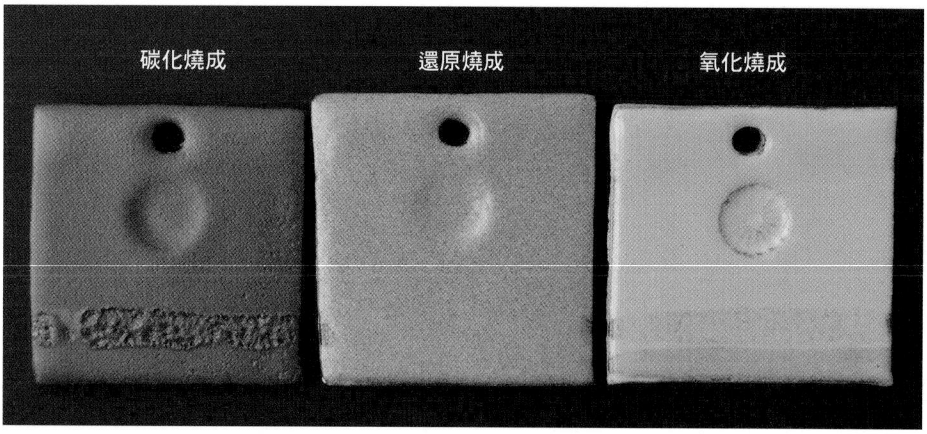

碳化燒成　還原燒成　氧化燒成

任何一種燒成方法都會被釉藥層遮蓋住，無法觀察到素坯的粗糙感以及土中含有的矽長石顆粒。碳化燒成的氧化鐵部分，會發生較大的釉中氣泡，留下類似隕石坑形狀的痕跡。

在「赤土6號」的施釉範例

【販售業者】精土
【製土法】水簸法
【粒子】40目

受到素坯大量的含鐵量影響，還原燒成與碳化燒成時，釉下彩的部分會發生較大的釉中氣泡。氧化燒成時則不怎麼受到影響。

在「赤土6號荒目」的施釉範例

【販售業者】精土
【製土法】水簸法
【粒子】40目・2釐米以下的混入物

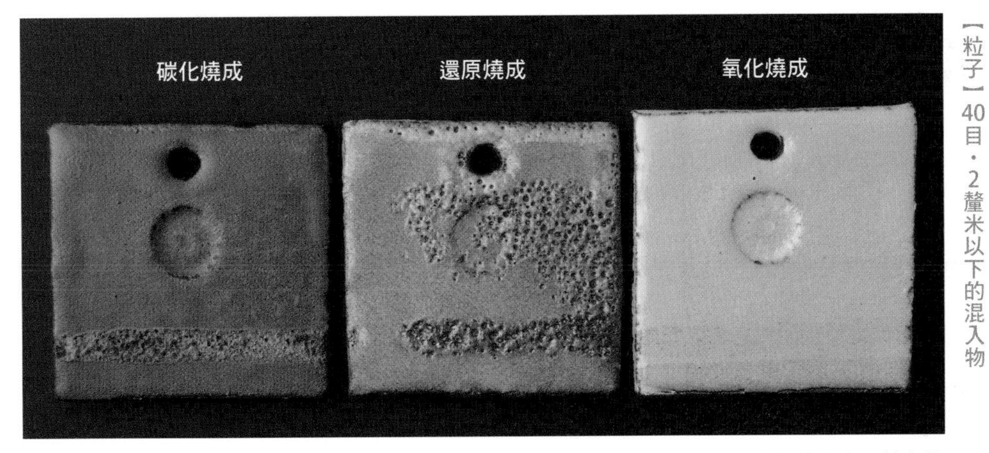

還原燒成時，部分區域的會發生較大的釉中氣泡，形成隕石坑形狀的痕跡。碳化燒成時，外表乾燥、顏色不均。氧化燒成時則不怎麼受到影響。

在「五斗蒔土（黃）」的施釉範例

【販售業者】SHINRYU
【製土法】水簸法
【粒子】30目

氧化燒成與碳化燒成時，雖然沒有受到素坯的影響，但還原燒成的單層施釉部分，會因為受到素坯的色調影響，稍微帶著茶色調。

在「越前黏土（荒目）」的施釉範例

【販售業者】YAMANI FIRST CERAMIC
【製土法】乾式法（敲碎法）
【粒子】10目

整體外觀呈現凹凸及顏色不均，燒成完成後的狀態可以感受到素坯的粗糙感。碳化燒成時，受到爐內含碳量的影響，一部分呈現受到白色煙燻狀態。

在「萩土」的施釉範例

【販售業者】YAMANI FIRST CERAMIC
【製土法】濕式法
【粒子】60目

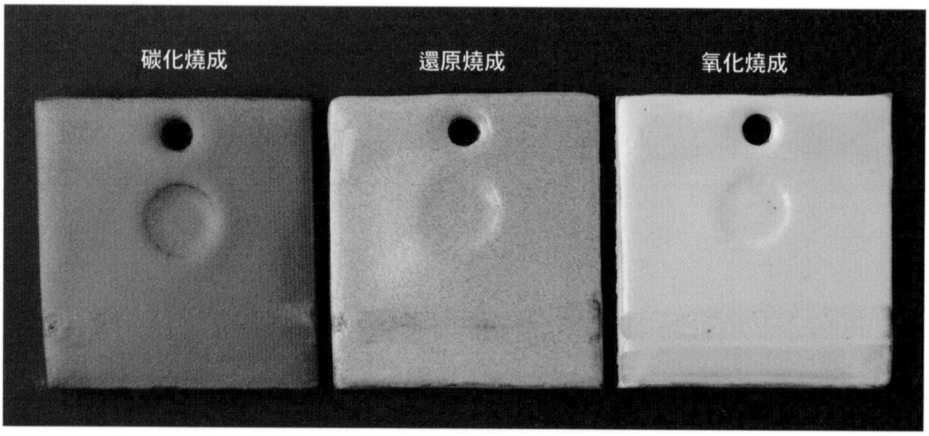

由於素坯的含鐵量較少的關係，不怎麼受到影響。任何一種燒成方法都較少發生顏色不均，發色良好。碳化燒成時，釉面稍微顯得粗糙。

在「唐津土」的施釉範例

【販售業者】YAMANI FIRST CERAMIC
【製土法】水簸法
【粒子】40目

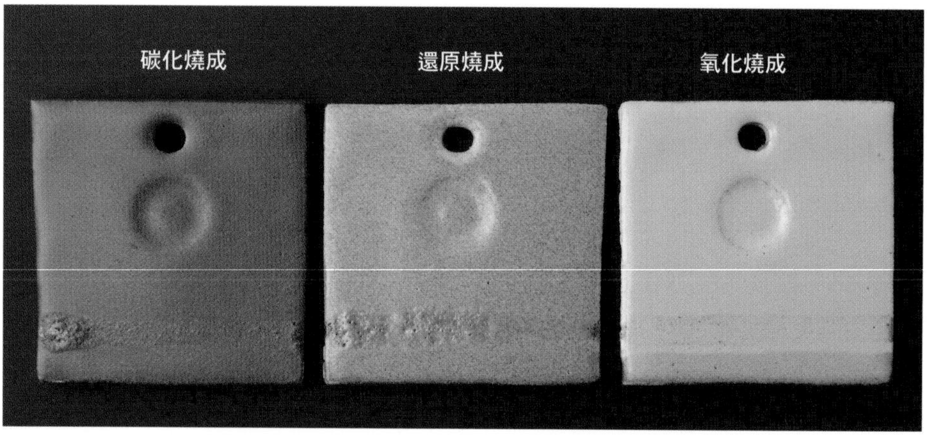

任何一種燒成方法都不怎麼受到素坯的含鐵量影響，發色良好。還原燒成與碳化燒成時，一部分的氧化鐵會發生釉中氣泡。

在「黑泥」的施釉範例

【販售業者】YAMANI FIRST CERAMIC
【製土法】濕式法
【粒子】60目

氧化燒成與還原燒成時，單層施釉的部分會稍微顯得暗沉，不過受到素坯的黑色調影響較少。碳化燒成時，會呈現如同梨皮紋一般的質感。

在「半瓷土（上）」的施釉範例

【販售業者】YAMANI FIRST CERAMIC
【製土法】濕式法
【粒子】100目

任何一種燒成方法的發色都良好，幾乎沒有釉藥的濃淡所造成的顏色深淺變化。氧化燒成與還原燒成時，具有光澤，釉調也平滑柔順。

在「天草白瓷土」的施釉範例

【販售業者】YAMANI FIRST CERAMIC
【製土法】水簸法
【粒子】120目

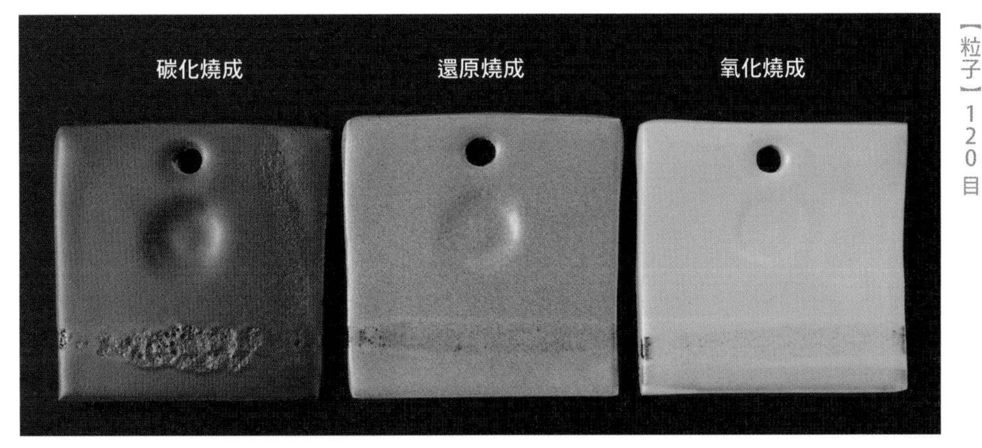

任何一種燒成方法的釉調都平滑柔順，色調鮮明。特別是還原燒成的青紫色與碳化燒成的胭脂色，相較其他任何黏土的都顯得色調既深而且彩度高。

材料協力業者一覽

SHINRYU 株式會社

日本國埼玉縣朝霞市土 間木 514-2
TEL 048-456-2123 FAX 048-456-2900
http://www.shinryu.co.jp/

[本書所使用的黏土]
200181　篠原土（水簸法）
200192　赤津貫入土
200201　五斗蒔土（白）
201111　五斗蒔土（黃）
200211　志野艾土（荒目）

[本書所使用的釉藥]
217501　青銅結晶釉
216501　F 織部釉
212101　均窯釉
214701　土耳其青釉
217801　氧化鎂無光釉

丸二陶料株式會社

日本國滋賀縣甲賀市信樂町長野 1197
TEL 0748-82-2191 FAX 0748-82-3536
http://www.02-maruni.co.jp/

[本書所使用的黏土]
A-2　信樂水簸土
A-31　古信樂土（荒）
A-0　紫香樂黏土

[本書所使用的釉藥]
HPG-16　鈦結晶釉
FR-7　滑石無光釉
HPG-17　無光白釉
HPG-15　白萩釉
HPG-53　玻璃釉

株式會社 精土

日本國滋賀縣甲賀市信樂町江田 947-1
TEL 0748-82-1177 FAX 0748-82-0762
http://e-nend o.com/

[本書所使用的黏土]
41　赤土 1 號
46　赤土 6 號
53　赤土 1 號荒目
56　赤土 6 號荒目
16　白御影土荒目

株式會社 釉陶

日本國滋賀縣甲賀市信樂町江田 948- 1
TEL 0748-82-8150 FAX 0748-82-8151
http://e-nendo.com/

[本書所使用的釉藥]
UB-1　石灰透明釉
UB-4　無光半透明釉
UB-5　土灰透明釉
FS-1　白志野釉
FS-3　紅志野釉

有限會社 YAMANI FIRST CERAMIC

日本國島根縣松江市青葉台 11-7
TEL 0852-25-0318 FAX 0120-51 -0316
http://www.web-sanin.co.jp/co/yamani/

[本書所使用的黏土]
A-24　萩土（白）
A-161　越前黏土（荒目）
A-120　古伊賀土
A-26　唐津土
A-138　黑泥
A-21　仁清土
A-20　半瓷土（上）
A-129　天草白瓷土

[本書所使用的釉藥]
CF-128　油揚手黃瀨戶釉
CF-27　伊羅保釉
CF-134　茶飴釉
CF-33　蕎麥釉
CF-110　冰裂青瓷釉

祖師谷陶房

日本國東京都世田谷區祖師谷 6-3- 18
TEL 03-5490-7501 FAX 03-5490-7502
http://www.soshigayatohboh.co.jp/

由株式會社エポックプロダクツサービス負責營運，以陶藝為中心的複合工房。1999 年創立。

①陶藝教室：由活躍於第一線的現任陶藝家擔任講師的正統派陶藝教室。除了可以在一應俱全的設備當中，親身體驗正統陶藝的技術之外，同時可以學習由成型到彩繪等所有陶藝工程步驟。此外，祖師谷陶房也可派遣講師到其他陶藝教室，以及外地訪問講座等等。

②陶藝工房：祖師谷陶房同時也是數名陶藝作家的創作場所，每天都有許多作品於此地問世。

[講師陣容]
上田 哲也
野田 耕一
すずき たもつ
古角 志奈帆
竹田 せり
森 悠紀子
※2019 年 1 月現在

（註）用語解

細晶岩：白色顆粒的花岡岩，含有約 30% 石英。長石粒，石英石粒，黑雲母，含鐵長石皆為此類。
爆石：素坯中所含有的長石粒經過燒成後隆起於素坯表面的現象。
梅花皮：出現於井爐茶碗的高台附近的白釉收縮狀態，被當成陶瓷器的一種景色欣賞。
自然釉：燃料的柴灰堆積在爐內的作品上，灰中的鹼性成分與素坯中的矽酸成分反應而成的釉藥。
淤泥：介於黏土與砂土之間的土質。
回收瓷粉：將陶瓷器或碍子等材質的廢棄品粉碎之後製成的陶瓷粉末。
猩紅色：窯變的一種。素坯所含有的含鐵量，穿透釉藥的微小氣孔等間隙，滲至釉中，呈現出桃色，橙色或紅色的狀態。
釉中氣泡：在燒成過程中，因釉藥與素坯所產生的氣體無法完全排出，封閉在釉中形成膨脹起來的空洞的現象。有時氣體排出後也會留下微小氣孔或隕石坑形狀的痕跡。
助熔劑：用來降低熔解溫度的一種原物料。對釉藥的調配來說，鹼類的原物料即扮演助熔劑的功能。不同的原物料，可以形成不同特徵的釉調。
窯變：素坯與釉藥透過燒成而形成變化，產生模樣。受到窯中所使用的燃料與爐內的氣氛，火焰的循環方式影響，同時伴隨著偶然性。

企劃・製作野田耕一編集 DESIGN 工房

材料協力　SHINRYU 株式會社
株式會社 精土
丸二陶料株式會社
有限會社 YAMANI FIRST CERAMIC
株式會社 釉陶

色様製作協力　松尾美森 岡崎春香

[參考文獻]
《陶芸の土と窯焼き》大西政太郎著 理工学社刊
《釉薬応用ノート》津坂和秀著　双葉社刊
《やきもの鑑定入門》出川直樹監修　芸術新潮編集部編　新潮社
《陶芸技術通信》株式会社 精土 社外報
材料協力 5 家公司型錄

[請注意]　本書的燒成試片僅為一例，並非燒成結果的保證。
燒成結果會因為釉藥濃度及燒成條件的不同而有所改變。

黏土與釉藥燒成試片帖 1260

作　者　祖師谷陶房
翻　譯　楊哲群
校　審　梁家豪
發 行 人　陳偉祥
出　版　北星圖書事業股份有限公司
地　址　234 新北市永和區中正路 458 號 B1
電　話　886-2-29229000
傳　真　886-2-29229041
網　址　www.nsbooks.com.tw
E-MAIL　nsbook@nsbooks.com.tw
劃撥帳戶　北星文化事業有限公司
劃撥帳號　50042987
製版印刷　皇甫彩藝印刷股份有限公司
出 版 日　2019 年 2 月
I S B N　978-986-96920-6-9
定　價　550 元

國家圖書館出版品預行編目（CIP）資料

黏土與釉藥燒成試片帖1260 / 祖師谷陶房作；楊哲群翻譯. -- 新北市：北星圖書, 2019.2
面；　公分

ISBN 978-986-96920-6-9（平裝）

1.陶瓷工藝　2.釉

464.1　　107016756

如有缺頁或裝訂錯誤，請寄回更換。